JN015601

1日1ページ
数学の教養
365

クリフォード・A・ピックオーバー=著

小山信也=監訳　佐藤 聡=訳

NEWTON PRESS

1日1ページ
数学の教養
365

∞

はじめに

パターンの織りなす世界

　私の主な数学書をお読みの方なら，私が数と数学をどのように受け止めているか，ご存じでしょう。どちらも，他の世界や新しい考え方への扉です。ある意味，数は，私たちにところどころ覆い隠されている領域を，垣間見ることを可能にしてくれます。まだ数学という織物を完全に理解するほどには，私たちの知性は進化していないともいえます。数学というつづれ織りは，社会の実用面にも理論的な分野にも広がり，それは，無限にパターンが繰り返されつながっていく，巨大なクモの巣のようです。高等数学の議論は，どこか詩のようでもあります。デンマークの物理学者ニールズ・ボーアが物理について同じ意味のことを述べています。「われわれが認識しておかなければならないのは，原子について語るとき，その言葉はおのずと詩のようになるということだ」

　本書のために選んだ多くの名言が示していますが，数学者たちは，どの時代にあっても，ときとして数学に，畏敬の念を抱き，敬意を払い，神秘を感じながら取り組んできました。引用した名言を残した人物の中には，数学者のことを，パターンを追い求めながら，あるいは美意識の観点から課題に向き合う，芸術家になぞらえている人もいます。歴史上には，数学の研究に，なかば神秘主義的，あるいは宗教的な感覚を抱いていた数学者もいます。例えば，インド人数学者のシュリニバーサ・ラマヌジャン（1887〜1920）は，夢に出てくる女神から数学的発想を得ていたといわれています。彼は，数学的洞察力は神が与えてくれるものと信じていました。彼が数列や行列（マトリックス）から法則を読み解くことができた様は，映画「マトリックス」の主人公ネオが，現実世界の基礎を構築する数学の記号が滝のように流れる中で，それを読みこなしたのと同じことを思わせます。神が暗号を作ったかどうか私には分かりませんが，文字列と数式は私たちの世界の至るところに存在していて，解読されるのを待っているのは確かです。中には，解かれるのに1,000年かかるものもあるでしょう。ずっと謎のままであり続けるものもあるかもしれません。

　自著『数学のおもちゃ箱』で述べていますが，他の多くの数学者たち，カール・フリードリヒ・ガウス，ジェームズ・ホップウッド・ジーンズ，ゲオルク・カントール，ブレーズ・パスカル，ジョン・リトルウッドなども，数学におけるひらめきには，神が宿っていると信じていました。ガウ

スは，ある定理を証明したことを，「血のにじむような努力によってではなく，神のご加護によって」成し得たかのように語っています。このような背景から，本書には，数学を神秘主義的に語っている名言を多く収めました。数学が，宗教，詩，芸術といった別世界の分野と大きくかけ離れたものであるという偏見を，払拭したいという思いからです。

　今の時代，コンピューターグラフィックスを使えば，さまざまな角度から数学的挙動を視覚的に表現することができます。例えば，単純な数式ですら，逆に複雑な挙動を示すという現象を，経験豊富な数学者と一般の人々の両方に伝える力があります。その挙動は，コンピューターの時代がやって来る前には，完全に把握することは相当困難だったものです。本書に掲載した画像の多くはフラクタルを表していて，見た目は，曲線と図形を合わせた複雑に入り組んだ格好で，膨大な計算を瞬時にこなすコンピューターの出現以前には，そのほとんどは見ることがかないませんでした。フラクタルはしばしば自己相似性を示し，同一の，あるいは似通った，さまざまな図形の複製が，元の図形よりさらに小さな図形の中に見られるのが分かります。拡大を繰り返しても同じように続くところは，人形がいくつもいくつも入れ子になった，ロシアのマトリョーシカのようです。これらの中には，抽象的な幾何学の概念の中にのみ存在するものもありますが，海岸線や血管の分岐構造のような，自然界の複雑な造形の原型といえるものもあります。興味深いことに，フラクタルは，カオス過程を理解しようとするときの，基礎となる考え方としても有効です。コンピューターの作り出す，目のチカチカするような画像は魅力的で，ひょっとすると，20世紀のどんな数学的発見にもまして，学生たちの数学への関心を惹きつけるのではないでしょうか。物理学者はフラクタルに注目していますが，それは，フラクタルによって，現実世界の現象におけるカオス的挙動を説明できることがあるからです。惑星の軌道，流体流動，薬物の拡散，産業連関分析，飛行機の翼の振動計算，などがそれにあたります。本書には，さらに多様性を持たせるために，さまざまな形のアルゴリズム・アート，結び目，シンメトリー，タイリング，光学イリュージョン，モザイク，迷路や，自然界に見られるシンメトリーパターンに関連する画像も載せています。

　もちろん，コンピューターグラフィックスが描く数学的なパターンが，純粋に芸術的な観点から評価される場合もあるでしょう。科学，数学，芸術の境界線は，時として曖昧なものです。これらはいずれも互いに似通った哲学であり，その一部は，ピタゴラスやイクティノスのような古代ギリシャ人たちによって確立されたものです。今日，コンピューターグラフィックスを一つの手段として，数学の関数の挙動を科学的あるいは芸術的な手法で示すことで，科学者，数学者，

芸術家がそれぞれの分野を再び結びつけることができるようになりました。1987年，スベン・カールソンは「サイエンスニュース」にこう書いています。

　科学と芸術は，腕と胴体のように密接に結びついていることが，やがて分かるだろう。どちらも秩序とその発見に必須の要素である。「art（芸術）」という言葉は，インド・ヨーロッパ語族の「ar」に起源を持ち，つなげること，あるいは一つに組み合わせることを表す。この意味で，物事がなぜ，どのように組み合わされているかを調べる科学は，芸術となる。一方芸術を，時の試練に耐えて行動し，作り，応用し，描く能力として見れば，芸術と科学の結びつきは一層はっきりする。

　本書の名言があらゆる分野から引用されていることに，読者は気づかれるでしょう。多くは著名な数学者によるものですが，それと同時に，厳密な意味での数学者や教育者に始まり，スティーブン・キングやレフ・トルストイといった小説家に至る範囲にも，あえて手を広げてみています。ウィンストン・チャーチル伯爵や皇帝ナポレオン・ボナパルトといったさまざまな方面の知識人も少しずつですが登場します。

　これは，数学と審美の姿を垣間見るための教えです。英知と詩情を簡潔に表し，コンピューターグラフィックスという形で，「ただ見るだけで楽しめる」数学の要素も取り入れました。願わくは読者が，数学の世界に，そして数学者，芸術家，コンピュータープログラマーの人々が数学を探求するとき感じる喜びに，さらに関心を持つきっかけになってくれればと思います。本書が将来再版されることを期待して，読者からの指摘や訂正も歓迎します。

　もちろん，本書は従来の宗教的な意味で用いられている「今日の教え」を説いた本ではありませんが，本書の名言と画像を深く理解することで，読者の心が驚きと感嘆で満たされればと思っています。同時に，皆さんの想像力を広げ，ひらめきと美の源として役に立てば幸いです。ひらめきを超えた高みに私たちがたどり着いたとき，数学はその真価を発揮して，宇宙船を建設し宇宙の構図を探求しに行くことも可能にします。数を最初のコミュニケーション・ツールとして，知的レベルの高い地球外生物と意思疎通を図ることになるでしょう。今日，数学は，科学が挑んでいるあらゆる分野に浸透していて，生物学，物理学，化学，経済学，社会学，工学における重要な役割を果たしています。数学は，虹の構造を解き明かし，株の儲け方を私たちに教え，宇宙船を操り，天気を予想し，人口増加を予測し，建築物を設計し，国民の幸福度を調査し，エイズ

の蔓延度を分析するのに役立つのです。

　数学は革命を起こしました。私たちの考えを形にしてきました。私たちの思考の道標となってきました。数学は，私たちのものの見方を変えたのです。

数学者小伝

　本書では，高名で著名な数学者の誕生日を取り上げています。巻末の小伝を見れば，わずかながらでも，聡明な人々の探求した，高度な分野の一端に触れることができます。付記した国名は，彼らに関連のある国です。また，彼らについて私が個人的に興味を魅かれた面白い事実についても，いくつか載せています。

1月1日

船で大海原を渡らなくても，宇宙に飛び出さなくても，
驚くような世界が見つかると言ったらどう思う？
驚異は目の前に，日々の現実の中にある。
言わば僕たちの内にある数学が，宇宙の行方を指図し，ものの形や軌道を定め，
ちっぽけな原子から巨大な星に至るまで，ありとあらゆることを支配しているのだ。

エドワード・フレンケル
LOVE AND MATH, 2013

1月2日

数学に美しい一面があることは，なかなか分かってもらえない。
数学は砂をかむような，電話帳のように退屈なものだと思われている……
だが，そんなことはない。
その美を認めることこそが，数学に生命を吹き込み，
人類が生み出した他の何物にもまして，数学を光り輝かせるのだ。

フィリップ・J・デービス，ルーベン・ハーシュ
THE MATHEMATICAL EXPERIENCE, 1981

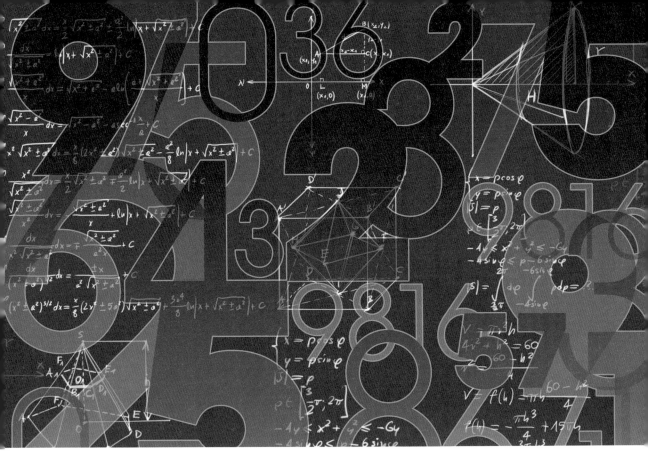

1月3日

数は真実の支配者であり，神と悪魔の母である。

ピタゴラス
C.500 BCE

1月4日

よく見れば数学には，真理だけでなく極上の美がある。
彫刻のように冷たく引き締まった美が。

バートランド・ラッセル
MYSTICISM AND LOGIC, 1918

1月5日

誕生日：カミーユ・ジョルダン（1838年生まれ）

正しい命題でありながら証明不可能なものが存在するという。
だが，証明可能とされる命題の中にも，人間の能力を超えたものや，
百万ページ，いや百万ページの百万倍の証明を要する命題があるだろう。
人間の限界を超えた命題を，証明可能と呼べるのだろうか。

カルビン・C・クローソン
MATHEMATICAL MYSTERIES, 1999

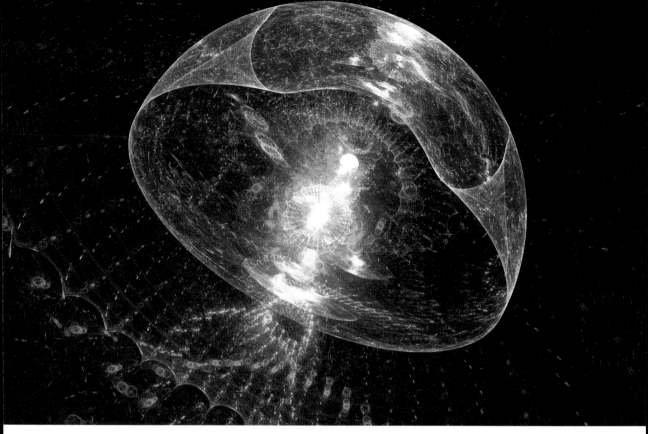

1月6日

天地創造の前，神のお気に入りは純粋数学だった。
天地ができると，気晴らしに応用数学でもと思われたのだ。

ジョン・E・リトルウッド
A MATHEMATICIAN'S MISCELLANY, 1953

1月7日

誕生日：エミール・ボレル（1871年生まれ）

整数における問題は，僕たちが小さい整数しか知らないことだ。
たぶん，本当に大きな整数 ——
手に取ることも，まともに考えることもできないほど大きな整数 —— で
とんでもないことが起きているんだろう。
僕たちはなす術もなく，端っこをほじくっているだけなのだ。
僕たちの脳みそは，雨やどりをし，木の実を見つけ，殺されないですむように進化した。
本当に大きな数を扱い，10万次元でものごとを見るようには進化していないのだ。

ロナルド・グラハム

（ポール・ホフマン　THE MAN WHO LOVES ONLY NUMBERS, THE ATLANTIC　1987から引用）

1月8日

数学が，脈々と続く僕たちの文化に占める地位は，美術，文学，音楽に匹敵する。
新しいことを発見し，新しい意義を見出し，
宇宙と自分の居場所を理解することを，人類は渇望しているのだ。

エドワード・フレンケル
LOVE AND MATH, 2013

1月9日

数学ができない奴はまともな人間じゃない。
せいぜい，靴のはき方，風呂の入り方，
家の中を汚さないことを覚えた亜人間ってとこだ。

ロバート・A・ハインライン
TIME ENOUGH FOR LOVE, 1973

1月10日

アルゴリズムについて考えるとき，数学者はいつも神の視座に立つ。
ある面白い性質を持つアルゴリズムが存在する，あるいは存在しない，
そういったことの証明に興ずるわけだが，
証明に際して，それが実際どんなアルゴリズムであるかは，どうでもよいのである。

ダニエル・デネット
DARWIN'S DANGEROUS IDEA, 1996

1月11日

狂人が殴り書きした支離滅裂な数学記号に，何らかの意味があるわけがない。
素人目には高等数学と見分けがつかないかもしれないが。

エリック・テンプル・ベル
（ジェームズ・R・ニューマン　THE WORLD OF MATHEMATICS, 1956 から引用）

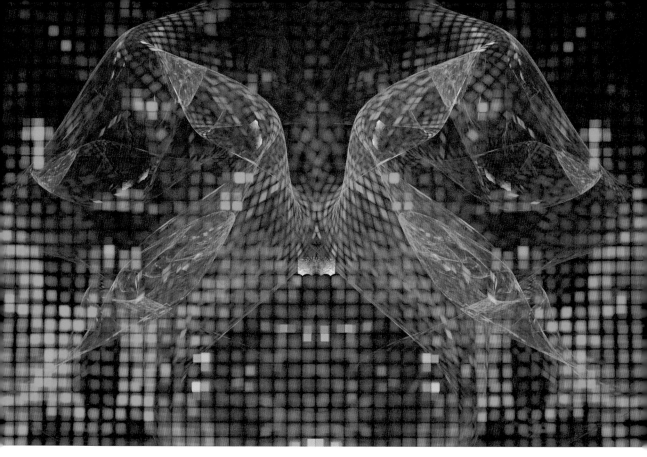

1月12日

神は数学に整合性があるから存在する。
悪魔は私たちがその整合性を証明できないから存在する。

モリス・クライン
MATHEMATICAL THOUGHT FROM ANCIENT TO MODERN TIMES, 1972

1月13日

人類の営みの中で唯一無限なのが数学だ。
人類はいずれ物理学や生物学のすべてを極めるだろう。
だが数学のすべてを知り尽くすことはありえない。
無限だからだ。
数自体が無限なのだ

ポール・エルデシュ
（ポール・ホフマン　THE MAN WHO LOVED ONLY NUMBERS, 1998から引用）

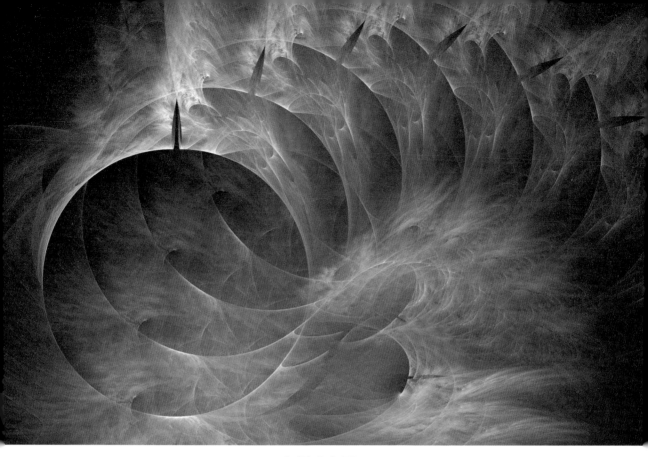

1月14日

誕生日：アルフレッド・タルスキ（1902年生まれ）

詩心がなければ数学者にはなれない。

ソフィア・コワレフスカヤ
RECOLLECTIONS OF CHILDHOOD, 1895

1月15日

誕生日：ソフィア・コワレフスカヤ（1850年生まれ）

数学の問いは……他の何物にもまして，人の心を神の高みに持ち上げる。

ヘルマン・ワイル
THE OPEN WORLD, 1932

1月16日

科学では，前の時代が築いたものを引きずり下ろし，
前の時代が確立したことをひっくり返すのが常だ。
数学だけが，それぞれの時代の新しい理論を，古い構造に積み上げていくのだ。

ヘルマン・ハンケル
DIE ENTWICKLUNG DER MATHEMATIK IN DEN LETZTEN JAHRHUNDERTEN
(THE DEVELOPMENT OF MATHEMATICS IN THE LAST FEW CENTURIES)，1869

1月17日

さらに不思議なことが起きた。
とりわけ不思議なのは，
類人猿に近い種でも数学ができるはずだという，衝撃の事実かもしれない。

エリック・テンプル・ベル
THE DEVELOPMENT OF MATHEMATICS, 1945

1月18日

19世紀の哲学者や信心深い思想家は，身の回りの対称性や調和に神の印を見出した。
例えば，電磁気現象を記述した古典物理学の美しい方程式の中に。
僕は自然の複雑性の中に，神の印となるような単純なパターンを見た試しがない。
複雑性こそが神なのだ。
数学的な曲線を眺め，複雑性が自ら奏でる音楽を耳にするのは，
素晴らしく霊的な出来事だ。

ポール・ラップ
（キャスリーン・マコーリフ "GET SMART: CONTROLLING CHAOS," OMNI, 1990から引用）

1月19日

誕生日：アルフレッド・クレブシュ（1833年生まれ）

アイスキュロスが忘れられても，アルキメデスは歴史に残るだろう。
言葉は滅びるが数学の理念は不滅だからだ。
「不死」という言葉を使うのは軽率かもしれないが，不死に一番近いのが数学者だろう。

G・H・ハーディ
A MATHEMATICIAN'S APOLOGY, 1941

1月20日

偉大な方程式は世界の見方を変える。
何と何が関係するかを定義し直し，僕たちの認識をひっくり返して再統合し，
世界を再編するのだ。
光と波動，エネルギーと質量，確率と位置。
そしてそれは，意外な形で，奇妙とも見える方法でなされる。

ロバート・P・クレス
"THE GREATEST EQUATIONS EVER," PHYSICSWEB, 2004

1月21日

数学の最先端では，数学者や物理学者でもてこずることが多い。
数学を，想像を超えた，検出不能の，存在しない，
不可能なことの計算に使っているからだ。
だが現実の物理現象を説明するのに，
科学者でさえ理解しがたい道具に頼っているとはどういうことだろう？
普通の人が，弦理論や膜理論といった最新の物理理論や，
リーマン面やガロア体といった高等数学を目にして，どれほど理解できるだろうか？

スーザン・クラグリンスキー
WHEN EVEN MATHEMATICIANS DON'T UNDERSTAND THE MATH," THE NEW YORK TIMES, 2004

1月22日

物理法則の公式を完璧に記述できる数学言語の奇跡は，
神が人に与えた最高の贈り物であり，私たちの想像を超えた得がたい代物である。
私たちはこのことに感謝すると共に，この先の研究でも奇跡が続き，
良かれ悪しかれ私たちに喜びと悩みをもたらし，
学びの木の枝を大きく広げることを期待しよう。

ユージン・ウィグナー
"THE UNREASONABLE EFFECTIVENESS OF MATHEMATICS IN THE NATURAL SCIENCES,"
COMMUNICATIONS ON PURE AND APPLIED MATHEMATICS, 1960

1月23日

誕生日：ダフィット・ヒルベルト（1862年生まれ）

凡人にとって4次元の距離など無意味だ。
4次元空間に至っては凡人の想像力をはるかに超える。
だが数学者に求められるのは，想像力の限界ではなく
論理的思考力の限界と闘うことなのだ。

エドワード・カスナー，ジェームズ・ニューマン
MATHEMATICS AND THE IMAGINATION, 1940

1月24日

ゲデモンダンはにやりとした。
確率論を読んだんだ。
お前たちも，おれたちも，「魂の井戸」の数学を知っている
—— 感じていると言った方が適切だが。
おれたちはエネルギーの流れ，エネルギーのひもと帯，
物質とエネルギーの粒子一つひとつを全部感じる。
あらゆる現実は数学だ。
過去・現在・未来のすべての存在は方程式だ。

ジャック・チョーカー
QUEST FOR THE WELL OF SOULS, 1978

1月25日

誕生日：ジョセフ＝ルイ・ラグランジュ（1736年生まれ）

どの時代にも偉大な数学者は一握りしかいない。
それ以外の数学者の存在に，数学は気づきもしないだろう。
教師としては役立つし，その研究が害をなすわけでもないが，何の重要性も持たない。
偉大な者以外は，いないも同然なのだ。

アルフレッド・アドラー
"MATHEMATICS AND CREATIVITY," THE NEW YORKER, 1972

1月26日

フラクタル図形が脳の構造そのものに作用している可能性はないだろうか？
無限に縮小する図形の特性が芸術的感性を刺激することに，何か手がかりがないだろうか？
驚くほど豊かなフラクタル図形が神経回路と共鳴して，
誰もが感じる喜びの感情を刺激するのではないだろうか？

ピーター・W・アトキンス
"ART AS SCIENCE," THE DAILY TELEGRAPH, 1990

1月27日

私が手のひらの小石を投げれば宇宙の重心が変わるのは，数学的事実である。

トーマス・カーライル
SARTOR RESARTUS, 1831

1月28日

音楽は人の心に喜びを与える。
数えていると気づかないまま，拍子を数えることによって。

ゴットフリート・ライプニッツ
LETTER TO CHRISTIAN GOLDBACH, 1712

1月29日

誕生日：エルンスト・クンマー（1810年生まれ）

彼は別世界のような曲線たちを，角度を少しずつ変えて探ったことを思い出した。
レムニスケート曲線からデカルトの正葉線へ，やがて描画不可能な曲線へと。
勾配というものがどこにもなく，接線がまったく存在しない驚愕。

ドン・デリーロ
RATNER'S STAR, 1976

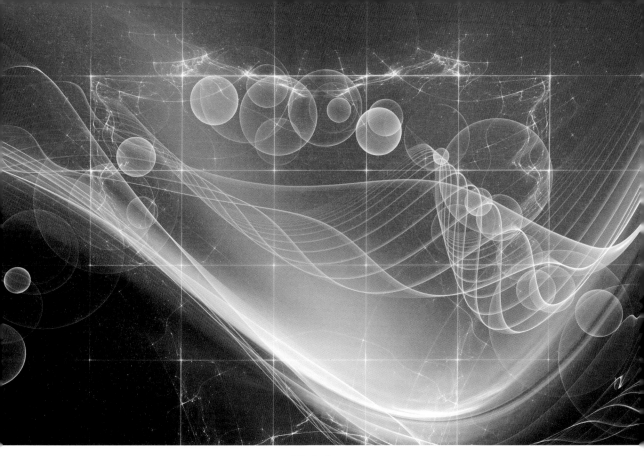

1月30日

大事なのは図示して考えることだ。図を使わない数学者なんてマゾだ。
（でなければ）どうやってあの動きとこいつを結びつけるんだ？
どうやって直感を磨くんだ？

ジェイムズ・グリック
CHAOS, 1987

1月31日

新しい世界を創りたいなら材料はそろっている。
最初の材料は……カオスでできている。

ロバート・クレイン
OMNI, 1987

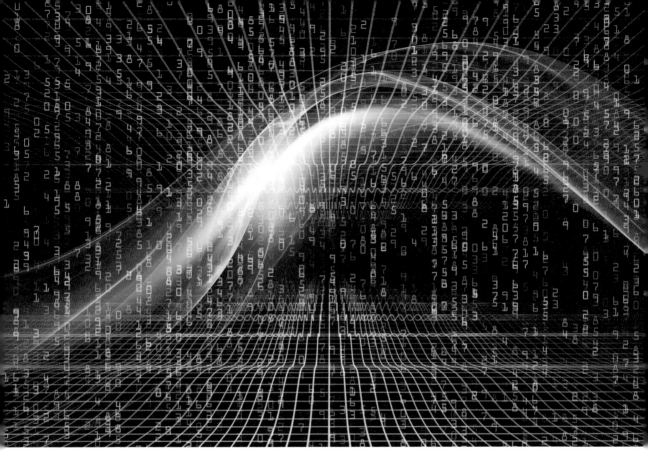

2月1日

算術的方法で乱数を作ろうと考えている者は，言うまでもなく罪人である。

ジョン・フォン・ノイマン
"VARIOUS TECHNIQUES USED IN CONNECTION WITH RANDOM DIGITS,"
JOURNAL OF RESEARCH OF THE NATIONAL BUREAU OF STANDARDS, 1951

∞

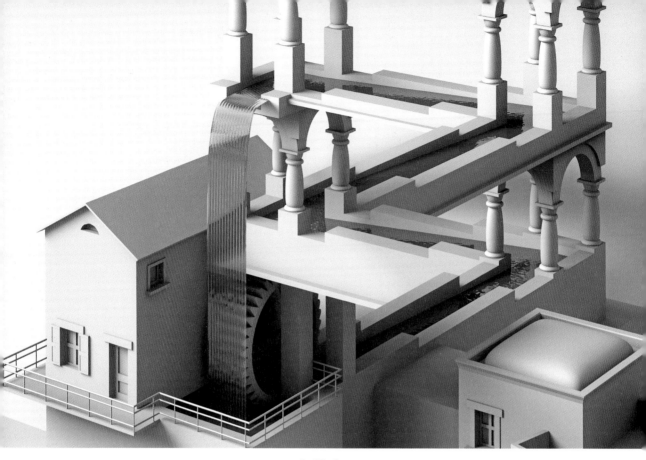

2月2日

数学は，何を話しているのかさっぱり分からず，
言っていることが正しいかどうかも分からない，唯一の科学である。

バートランド・ラッセル
"RECENT WORK ON THE PRINCIPLES OF MATHEMATICS," INTERNATIONAL MONTHLY, 1901

2月3日

誕生日：ガストン・ジュリア（1893年生まれ）

自然は宇宙の関係性である。
幾何学は宇宙の関係性を定義する。
芸術は宇宙の関係性を創造する。

M・ボレス，R・ニューマン
UNIVERSAL PATTERNS, 1990

2月4日

それゆえ，数学とはこういうものだ。
すなわち，魂の目に見えない形を想像させ，自ら見出したものに命を吹き込み，
心を呼び覚まし知性を磨き，我々の内なるアイデアを照らし出す。
そして，我々の生来の性質である忘却と無知を葬り去る。

プロクルス
（モリス・クライン　MATHEMATICAL THOUGHT FROM ANCIENT TO MODERN TIMES, 1990 から引用）

2月5日

楽しむことは，人間が求めてやまない営みの一つである。
数学者も時に同僚の仕事を「楽しいだけの数学」とけなすことがあるが，
多くの重要な数学は楽しみ目的の問題から生まれた。
そうした問題によって数学的論理が活用され，数学的真理が解明されてきたのだ。

アイバース・ピーターソン
ISLANDS OF TRUTH, 1990

2月6日

面白いプログラムである証しの一つは，出てくる結果が簡単には予想できないことだ。

ブライアン・ヘイズ
"ON THE BATHTUB ALGORITHM FOR DOT-MATRIX HOLOGRAMS," COMPUTER LANGUAGE, 1986

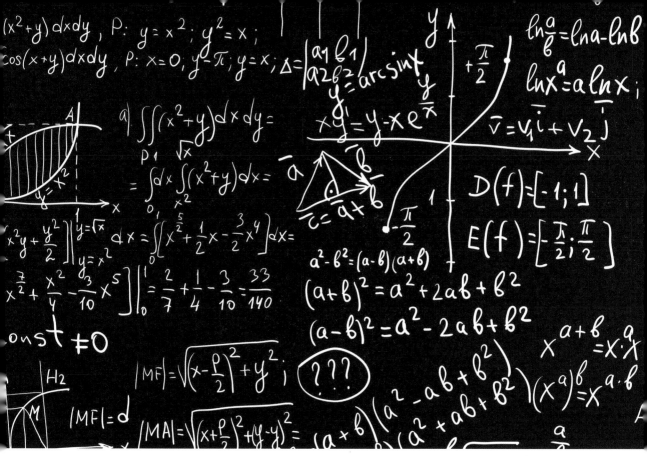

2月7日

誕生日：G・H・ハーディ（1877年生まれ）

方程式は，永遠で普遍的な真理に対する洞察を表しているが，
実に人間的な方法で書かれている。
有限な存在である私たちに，詩のように芸術的な形で，
無限のありさまを見せてくれるのだ。

マイケル・ギレン
FIVE EQUATIONS THAT CHANGED THE WORLD, 1996

2月8日

誕生日：ダニエル・ベルヌーイ（1700年生まれ）

乱数の生成は極めて重要な問題だ。偶然に任せておくわけにはいかない。

ロバート・コベイウー
STUDIES IN APPLIED MATHEMATICS, 1969

2月9日

誕生日：ハロルド・スコット・マクドナルド（ドナルド）・コクセター（1907年生まれ）

数学と音楽は，科学的な営みの中で正反対の分野であるが，互いに関係し支え合っている。
それはあたかも，あらゆる精神活動の間に潜む関連を示すかのようであり，
その関連によって私たちは，芸術的な才能とは，
不可思議な能力が無意識に表現されたものにすぎないことを悟るのである。

ヘルマン・フォン・ヘルムホルツ
VORTRÄGE UND REDEN（PRESENTATIONS AND SPEECHES），1884

2月10日

コンピューターのソフトウェア，ハードウェア，そして数学が，がっちり肩を組めば，
それまで手の届かなかった計算結果と，思いもしなかった発想が生まれる。

リン・アーサー・スティーン
"THE SCIENCE OF PATTERNS," SCIENCE, 1988

2月11日

科学は支配の道具ではない。
目の前の出来事にいつも驚異の念を抱き,
それまでの理論を少しでも豊かに,精緻にする気持ちを育むものだ。
尊重するものであって,服従するものではない。

リチャード・パワーズ
THE GOLD BUG VARIATIONS, 1991

2月12日

世界を見よ。
全体から隅々まで目を凝らせば，世界が一つの大きな機械で，
細部もまた無数の小さな機械からできているのに気づくはずだ……
『自然』という書物の著者は，人間のような心を持っていると感じざるを得ない。

デビッド・ヒューム
DIALOGUES CONCERNING NATURAL RELIGION, 1779

2月13日

誕生日：ペーター・グスタフ・ルジョンヌ・ディリクレ（1805年生まれ）

石器時代の芸術家は……自分の数学的直感だけに頼っていた。
直感は抽象化され，幾何学的形状と結びついた。
時が経つにつれ，直感が数の概念を生み出し……
ついに，時空間のさまざまな観念を，
抽象的な数字を用いて表すことができるようになった。

アンネマリー・シンメル
THE MYSTERY OF NUMBERS, 1993

2月14日

およそ死の瞬間には，それまでの人生が，想像を超えた速さで走馬灯のように駆け巡る。
回想の人生にも最後の瞬間があり，最後の瞬間にもまた最後の瞬間があり，
つまり，死という行為はそれ自体が無限のプロセスを含んでおり，
したがって，極限値の理論に従えば，
死には，近づくことはできても，決してたどり着けないのだ。

アルトゥル・シュニッツラー
FLIGHT INTO DARKNESS, 1931

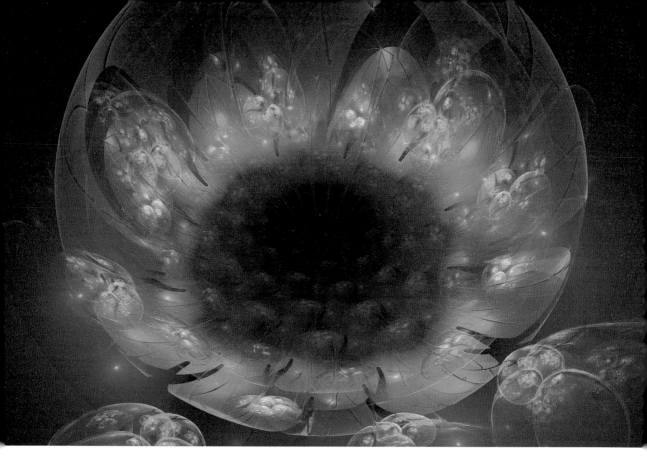

2月15日

誕生日：アルフレッド・ノース・ホワイトヘッド（1861年生まれ）

4次元の世界がどうなっているかを垣間見ることができるのなら、
数学者といえども禁断の実を口にしたいと思うだろう。

エドワード・カンサー，ジェームズ・ニューマン
MATHEMATICS AND THE IMAGINATION, 1940

2月16日

ベートーベンの第九交響曲はなぜ美しいのかと聞かれても，誰も教えることはできない。
自分で分かる他ないんだ。
私には「数」が美しいことが分かる。この世にこれほど美しいものはない。

ポール・エルデシュ
（ポール・ホフマン　THE MAN WHO LOVED ONLY NUMBERS, ATLANTIC MONTHLY, 1987 から引用）

2月17日

私は迷路の中の迷路のことを考えていた。
広大で込み入った迷路。そこには過去も未来もあり，星々すら棲んでいる……。
人懐かしい，いつまでも続くような晩だった。

ホルヘ・ルイス・ボルヘス
THE GARDEN OF FOUKIMG PATHS, 1962

2月18日

誕生日：ナスィールッディーン・アッ＝トゥースィー（1201年生まれ）

無数の球が，一つの球を成し，水晶のように硬く，中をぎっしり埋め尽くしているが，
まるで何もないかのように，音楽や光が伝わり……
球の中にも球があり，球と球の間を埋め尽くすのは，
想像を絶する形，死の闇の深淵に潜む，亡霊どもの夢。

パーシー・ビッシェ・シェリー
PROMETHEUS UNBOUND, 1820

2月19日

コンピューターは最新の万華鏡に怖いほど似ている。
入り組んだプログラムが生み出す思いもよらぬ形は，はっとするほど美しい。
だがこれを芸術と呼べるだろうか？　美とは何か？
水晶や花，人物，風景といった自然物は芸術作品の中で重要な意味を持つ。
だが進歩したコンピューターが，自然をそっくり写し取ろうとしている今，
その芸術的価値は揺らぐことになる。

ロベルト・ミュラー
ART IN AMERICA, 1972

2月20日

誕生日：ジョン・ウィラード・ミルナー（1931年生まれ）

ジャッド修道士は僕から空飛ぶパンツを受け取り，どうやって飛ぶのかを確かめた。
「トポロジーは運命だ」と言ってパンツをはく。一度に片足ずつ。

ニール・スティーブンスン
ANATHEM, 2009

2月21日

誕生日：ジラール・デザルグ（1591年生まれ）

僕たちはどんなに短い直線にも無限の点が含まれていると教わった。
ならばクルミの殻に銀河と銀河の間のように
果てしない空間が含まれていても不思議じゃない。

ウィリアム・パウンドストーン
LABYRINTHS OF REASON, 1988

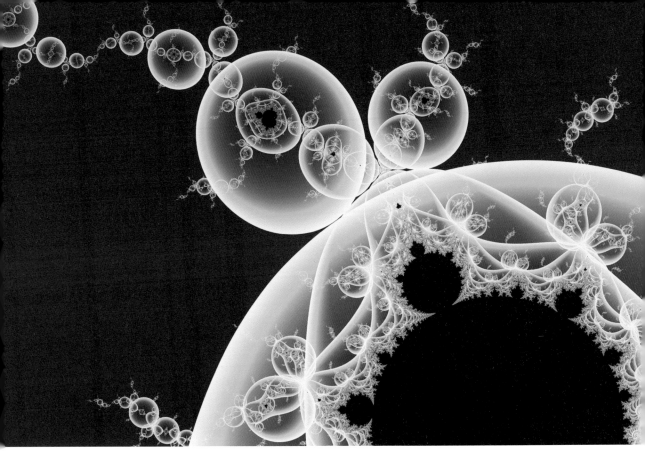

2月22日

原理上は……（マンデルブロ集合は）人類が数を数えられるようになったときに
見つかっていてもおかしくない。
だが，ごく小さなマンデルブロ集合でさえ，生成に必要な初等計算をやり遂げるのは，
これまでに存在した人類全員が，一瞬たりとも手をゆるめず，
何一つ間違えずに取り組んだとしても，無理だったろう。

アーサー・C・クラーク
THE GHOST FROM THE GRAND BANKS, 1990

2月23日

$x^2 - 92y^2 = 1$ を1年以内に解ける者が数学者である。

ブラフマグプタ
THE OPENING OF THE UNIVERSE, 628CE

2月24日

シカゴのシアーズ・ビルの高さと，ニューヨークのウールワース・ビルの高さの比は，
重要な4桁の数字（1.816，すなわち1816）と同じだ。
これは原子と電子の質量の比である。

ジョン・パウロ
INNUMERACY, 1988

2月25日

数学者は，極めて鋭敏な感覚で人生を眺めているのかもしれない。
その感覚によって，他の五感で感知できないものを感じているのだろう。

マイケル・ギーエン
BRIDGES TO INFINITY, 1983

2月26日

量子物理学によって予測される可能性の数と，
相対論的物理学によって予測される時間，宇宙，地球，
人類の始まりにおける宇宙の数は，
共に等しい無限大なのだと思う。
時に大人しく，時に問題を起こす人類もまた，
この無限の可能性の一つとして生まれたのだ。

フレッド・ウルフ
PARALLEL UNIVERSES, 1990

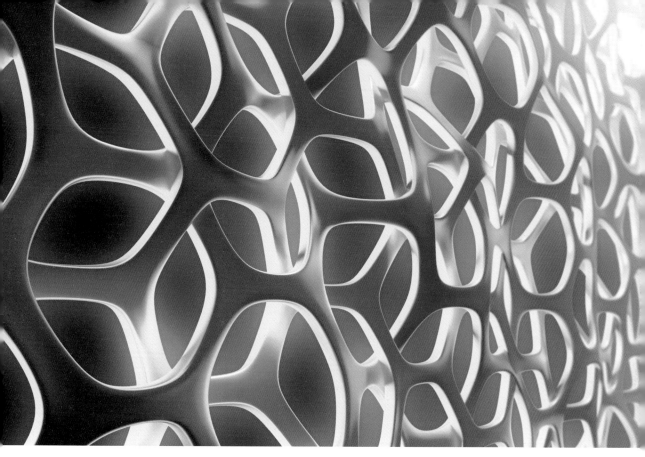

2月27日

誕生日：ライツェン・エクベルトゥス・ヤン・ブラウアー（1881年生まれ）

数学者は構造を，中身と切り離して研究する。
数学者にとって科学とは，人智が及ぶ限りの，
ありとあらゆる構造と秩序を巡る航海なのだ。

チャールズ・ピンター
A BOOK OF ABSTRACT ALGEBRA, 1982

71

2月28日

誕生日：ピエール・ファトゥー（1878年生まれ）

数学者にとっての最低条件は，論理構造が正しいことだ。
私が取り組んだ数学問題において最も重要だったのは，
正しい論理構造を見つけることだった。
橋を建設するようなもので，基本構造が正しく定まれば，
細部は奇跡のようにぴたりと収まる。
大事なのは全体設計なのだ。

フリーマン・ダイソン
INTERVIEW WITH DONALD J. ALBERS, THE COLLEGE MATHEMATICS JOURNAL, 1994

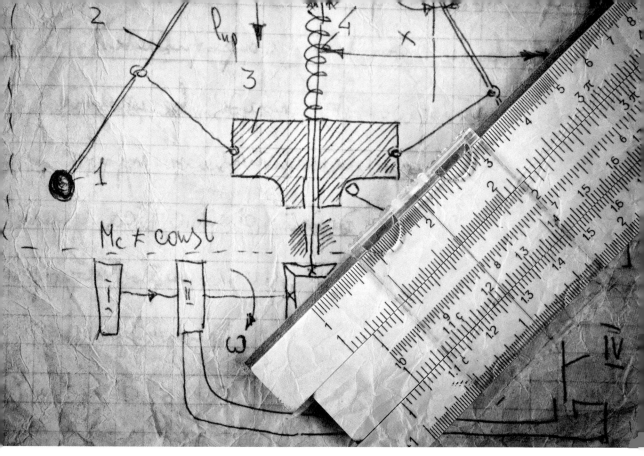

2月29日

物理学の講義でなぜ数学の話をするのか，疑問に思う人がいるかもしれない。
使えそうな言い訳はいくつかある。一つは，数学がとにかく大事な道具だというものだ。
だがこれは公式を2分で説明できる利便性の言い訳にしかならない。
ところで，理論物理学の法則はすべて数式で記述でき，
そこにはある種の簡潔さと美しさがある。
だから自然を理解するには，結局，数式に関する深い理解が必要だろう，
というのが次の言い訳だ。

リチャード・ファインマン
THE FEYNMAN LECTURES ON PHYSICS, 1963

3月1日

「おまえ，足し算はできるの？」と白の女王がたずねました。
「いちたすいちたすいちたすいちたすいちたすいちたすいちたすいちたすいちたすいちは？」
「分かりません」とアリスは答えました。
「こんがらがっちゃった」

ルイス・キャロル
『鏡の国のアリス』

3月2日

誕生日：ユーリ・ウラディミロビッチ・マチャセビッチ（1947年生まれ）

コンピューターは，所詮論理ゲートの集まりにすぎないが，
地平の先まで伸びる広大な数の灌漑システムなのだ。

スタン・オーガーテン
STATE OF THE ART, 1983

∞

3月3日

誕生日：ゲオルク・カントール（1845年生まれ），エミール・アルティン（1898年生まれ）

数学は無限の科学である。
有限の存在である人類に，無限の象徴的な意味を理解させるのが目的だ。
現実を認識する上で，有限と無限の違いをはっきりさせたのは，
ギリシャ人の偉大な業績である
……有限と無限の間の緊張と和解は，今やギリシャ研究を進める動機となった。

ヘルマン・ワイル
THE OPEN WORLD, 1932

3月4日

純粋数学には絶対的な真理があるに違いない。
夜明けの星々が共に歌う前から神の御心にあり，
太陽が天空から滑り落ちるそのときまで，そこにあり続けるであろう真理が。

エドワード・エベレスト
ADDRESS AT OPENING OF WASHINGTON UNIVERSITY, 1857

3月5日

私は数学のすべてを――
深淵の深淵，奈落と天蓋を――
理解した，と感じたことがある。
ある量が無限を通り抜け，符号がプラスからマイナスに変わる様を見たのだ。
目の前を絶世の美人か，
むしろロンドン市長の就任記念行列が通り過ぎたかのようにくっきりと。
なぜそうなるのか，なぜ一言で言い表せないことになってしまうのかを理解した……
だが，後の祭りだ。どうしようもない。

サー・ウィンストン・チャーチル
MY EARLY LIFE, 1930

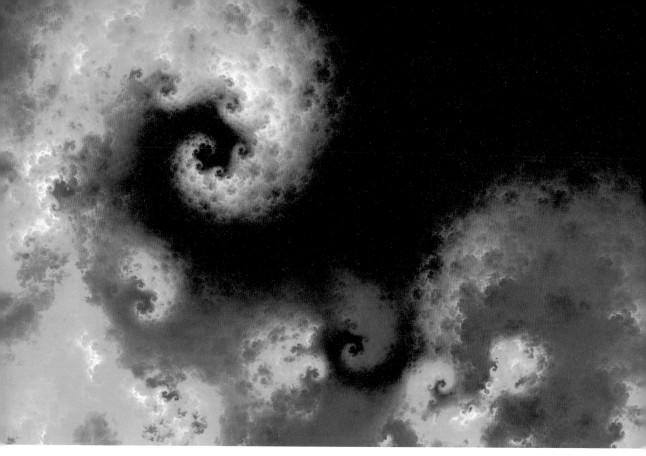

3月6日

おそらく主の天使が，果てしないカオスの海を見渡し，指でそっと波立たせたのだ。
その場限りの一連の方程式が，この宇宙に形を与えたのである。

マーティン・ガードナー
ORDER AND SURPRISE, 1950

3月7日

1960年代から70年代にかけて，巨匠ベケットの熱心な読者たちは，
畏怖と懸念が入り混じった短編が次々と刊行されたのを歓迎した。
まるで無限小の計算を操る偉大な数学者が，
方程式をじりじりとゼロ点に近づけていく様を見るかのようだった。

ジョン・バンビル
THE NEW YORK REVIEW OF BOOKS, 1992

3月8日

物理学者にとって，数学は単に現象を計算する道具ではなく，
新理論を打ち立てるための概念と原理を生み出す源泉なのだ。

フリーマン・ダイソン
"MATHEMATICS IN THE PHYSICAL SCIENCES," SCIENTIFIC AMERICAN, 1964

3月9日

方程式に美を見出すことに重きを置く人なら，
まっとうな洞察力があれば，確実に前に進めるだろう。

ポール・ディラック
"THE EVOLUTION OF THE PHYSICIST'S PICTURE OF NATURE," SCIENTIFIC AMERICAN, 1963

3月10日

数学者は長生きで若々しい。
魂の翼はいつまでもはばたき,
低俗な暮らしが放つ世俗にまみれた塵で毛穴が詰まることもない。

ジェームズ・ジョセフ・シルベスター
PRESIDENTIAL ADDRESS TO SECTION A
OF THE BRITISH ASSOCIATION, 1869

3月11日

数学は過ちがはっきり分かり，鉛筆一本で修正や消去ができる。
よくチェスと比べられるが，価値があるのは最良の瞬間だけであり，
最悪の方はそうでない点が，チェスとは違う。
チェスでは一回の不注意で勝負を失いかねないが，
数学の場合は，次々とゴミ箱に投げ捨てられる紙くずの中に，
一つでもうまく問題を解く方法があれば，名声が得られるのだ。

ノーバート・ウィーナー
EX-PRODIGY: MY CHILDHOOD AND YOUTH, 1964

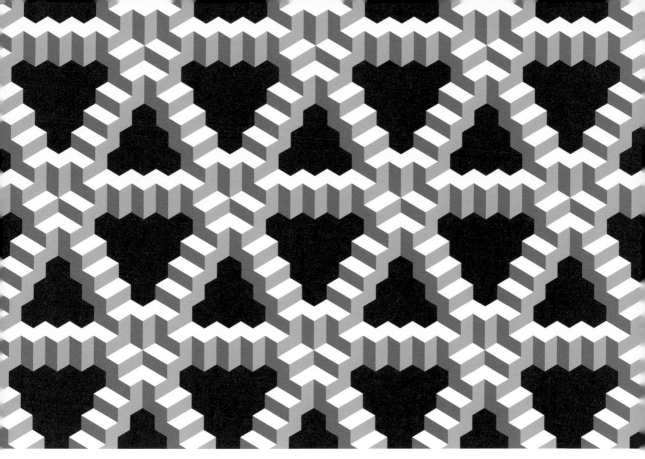

3月12日

具体的な固有の例にしばられない，任意の，もしくはあるものに関する命題を，
誰か——恐らくギリシャ人——が初めて証明したとき，科学としての数学が始まった。

アルフレッド・ノース・ホワイトヘッド
AN INTRODUCTION TO MATHEMATICS, 1911

3月13日

これらの画像を生成したコンピューターは毎秒1兆回の演算を行った。
クロマニョン人が洞窟の床の小石を数え始めて以来，
全人類が扱ってきたより多い数を，数時間で処理してしまうだろう。

アーサー・C・クラーク
THE GHOST FROM THE GRAND BANKS, 1990

3月14日

哲学書はもとより，幾何学の新刊書の多くにもまったく図がないことに，
私はショックを受けてきた。
哲学は思考の研究であり，人は絵を見て考える，と私が信じているからだ。

アラン・L・マッケイ
"IN THE MIND'S EYE," COMPUTERS IN ART, DESIGN AND ANIMATION, 1989

3月15日

日々の実践としての科学は，哲学より芸術に似ている。
ゲーデルの不完全性定理に哲学的議論は見当たらなかった。
石材を積み上げるような証明は，シャルトル大聖堂のように独特で美しい。
この証明が，数学全体をいくつかの方程式に集約するという，ヒルベルトの夢を打ち砕いた。
そして，数学は限りなく発展するアイデアの王国であるという，
より大きな夢に置き換えたのだ。

フリーマン・ダイソン
IN THE INTRODUCTION TO JOHN CORNWELL AND FREEMAN DYSON'S
NATURE'S IMAGINATION, 1995

3月16日

数学的真理は，正確で役立つ知識であることを私たちは知っている。
無益な空想でも，くだらない考えの寄せ集めでもない。

ジョン・ロック
AN ESSAY CONCERNING HUMAN UNDERSTANDING, 1849

3月17日

数学の世界の探求を止められない理由は，ただ，数学が美しいからだ。
より良い発想を求めてあれこれ考えるのも実に楽しい。
この理由を信じない人が多いことに，僕はいつもとまどってしまう。
アメリカでは5万人を超すプロの数学者が，
熱意を込めて仕事に取り組んでいるというのに……
数の関係における深遠な真理を学べば，
美術，音楽，文学といった高度な人間的活動と同じく，心が満たされるのだ。

カルビン・C・クロースン
MATHEMATICAL MYSTERIES, 1996

3月18日

誕生日：クリスチャン・ゴールドバッハ（1690年生まれ），ヤコブ・シュタイナー（1796年生まれ）

数学の専門家は時折不安になる。自分より鉛筆の方が賢いのではないかと。

ハワード・イーブス
MATHEMATICAL CIRCLES, 1969

3月19日

この宇宙には，
15,747,724,136,275,002,577,605,653,961,181,555,468,044,
717,914,527,116,709,366,231,425,076,185,631,031,296個の陽子と，
同じだけの電子がある，と私は信じている。

サー・アーサー・エディントン
THE PHILOSOPHY OF PHYSICAL SCIENCE, 1939

3月20日

巨大な数には独特の魅力，いわば尊厳がある。
ある意味人類の想像力が及ぶぎりぎりのところにあるので，
永い間手が届かず，定義も難しく，操作は困難だった。
今や，十分なメモリーとスピードを備えたコンピューターは，
驚くような数を扱うことができる。
たとえば100万桁の数同士をわずか数分の1秒で掛け合わることが可能だ。
その結果，昔の数学者が夢見るだけだった数の特性を，表現できるようになったのである。

リチャード・クランドル
"THE CHALLENGE OF LARGE NUMBERS," SCIENTIFIC AMERICAN, 1997

3月21日

誕生日：ジョゼフ・フーリエ（1768年生まれ），ジョージ・デビッド・バーコフ（1884年生まれ）

科学者の宗教的感情は，自然法則の調和に対する手放しの驚きの形をとる。
その超越的な知性に比べれば，人類の体系的な思考や行為など，
すっかり輝きを失ってしまう。
この感情が科学者の人生や仕事を導く原理となる……
各時代の宗教的天才が抱いていた感情に極めて近いことに，疑いの余地はない。

アルバート・アインシュタイン
MEIN WELTBILD（MY WORLDVIEW），1934

3月22日

マンデルブロ集合全体を，普通サイズの紙に描いたとしたら，
僕たちが観察する小さな境界部分の幅は，水素原子1個分にも満たないだろう。
物理学者はこんな小さなものを考えるのだ。
そして数学者だけが，実際の観察に十分な解像度の顕微鏡を持っている。

ジョン・ユーイング
"CAN WE SEE THE MANDELBROT SET?" THE COLLEGE MATHEMATICS JOURNAL, 1995

3月23日

誕生日：ピエール＝シモン・ラプラス（1749年生まれ），アマリー・エミー・ネーター（1882年生まれ）

数学は大きな岩のようなものかもしれない。
調べたいのは内部の組成だ。
昔の数学者は我慢強い石工のように，ハンマーとノミを使って外からゆっくり岩を崩す。
最近の数学者は鉱山専門家のように，もろい割れ目を探し，そこにドリルで穴をあけ，
ここぞという場所に爆薬を仕掛けて岩を吹き飛ばす。

ハワード・イーブス
MATHEMATICAL CIRCLES, 1969

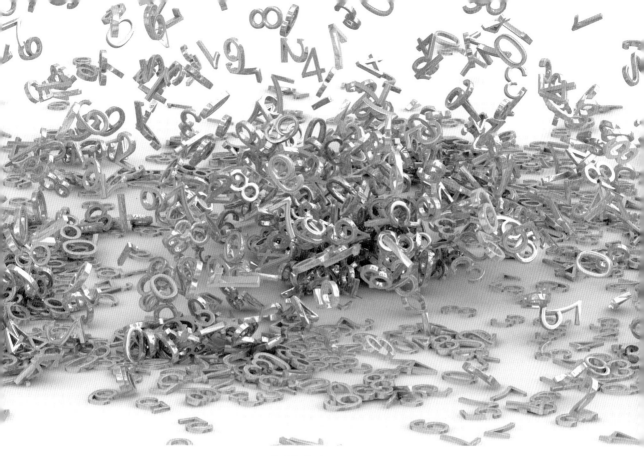

3月24日

誕生日：ジョゼフ・リウビル（1809年生まれ）

算数では，数字の群れが鳩のように飛びまわる。頭を出たり入ったり。

カール・サンドバーグ
"ARITHMETIC," COMPLETE POEMS, 1950

3月25日

数学者は，自分の作る服が着る人に合うかどうかに無頓着な，
服飾デザイナーのようなものだ。
もちろん，最初は人に着てもらうためにデザインをしていたわけだが，
それは大昔のことだ。
今日では服に合う体形の人が後から現れ，
あたかも最初からその人のためにデザインしたかのように見える。
驚きと喜びはいつまでも続く。

トビアス・ダンツィク
THE BEQUEST OF THE GREEKS, 1955

3月26日

誕生日：ポール・エルデシュ（1913年生まれ）

素数はバラエティに富んでいる。
四つ子素数，パンデジタル素数，階乗素数，
カレン素数，多重階乗素数，回文素数，反回文素数。
さらにはストロボグラマティック素数，サブスクリプト素数，ゾロ目素数，楕円素数。
実際，数学の新分野はすべて，さまざまな素数の特性に注目することで進化しているようだ。
だが，素数を理解することは，数列とその魅力的な性質を知り尽くす冒険の一部にすぎない。

カルビン・C・クロースン
MATHEMATICAL MYSTERIES, 1999

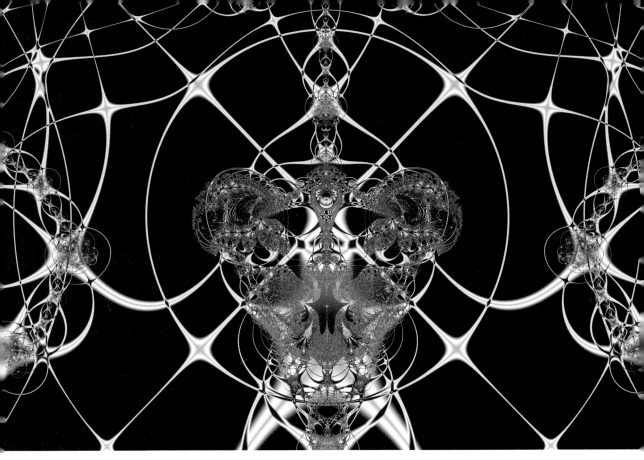

3月27日

　初めてアインシュタインの重力場方程式をすべて理解したとき，確かな喜びを感じた。ギリシャ文字が模様をなしていて，意味もなくページに貼りついていた。まるでクモの巣のようだった。一見，現実味のない殴り書きのようにも見えた。だが，凝縮され，上下の添字で囲まれた，繊細なテンソルをたどるうちに，意味不明に見えていた数学的記述は，位置エネルギー，質量，曲がった空間上の力ベクトルといった確かな古典的実体に変わった。荘厳な経験だった。数学という柔らかで実態のなさそうな手袋の中には，現実という鉄のかたまりが潜んでいたのである。

グレゴリー・ベンフォード
TIMESCAPE, 1980

3月28日

誕生日：アレクサンドル・グロタンディーク（1928年生まれ）

数学は，整備された公道を入念に準備して進むようなものではない。
見知らぬ荒野への旅であり，その道を探求する者は，しばしば道に迷う。
地図があるのに，プロの探求者でも行方不明になる。
歴史をひも解けば，旅の厳しさが分かるのだ。

W・S・アングラン
"MATHEMATICS AND HISTORY," MATHEMATICAL INTELLIGENCER, 1992

3月29日

　整数論は，無数の面白い事実や並の事実がひしめく宝庫である。それぞれの事実は孤立するどころか互いに関連し，科学が絶え間なく進歩するにつれて，事実と事実の間に，まったく予想もつかない新たな接点が次々と見つかる。整数論には，その魅力を高めている特有の性質がある。それは，経験上容易に成り立つかに見える重要な命題が，外見は単純な形をしているにもかかわらず，証明に極めて深い洞察を必要とし，多くの試行錯誤を重ねなければならないということである。たとえ証明できても，それが退屈で不自然な方法であり，より単純な方法の証明が依然として未知であることも多い。

カール・フリードリヒ・ガウス
INTRODUCTION TO GOTTHOLD EISENSTEIN'S MATHEMATISCHE ABHANDLUNGEN
(MATHEMATICAL TREATISES), 1849

3月30日

誕生日：ステファン・バナッハ（1892年生まれ）

数学の勉強で頭をいっぱいにするのが，性欲に打ち克つ一番いい方法だと教えてやろう。

トーマス・マン
THE MAGIC MOUNTAIN, 1924

3月31日

誕生日：ルネ・デカルト（1596年生まれ）

物理法則と数学は１次元しかない座標系のようなものだ。
たぶん，それに垂直な方向の次元がもう一つあって，それは物理法則からは見えず，
同じことを別の規則で記述しているのだろう。
その規則は僕たちの心の中に書かれているが，
あまりに深い所にあるので，そこに行って読むことはできず，夢に見るほかない。

ニール・スティーブンスン
THE DIAMOND AGE, 1995

4月1日

優れた記号の設定には精妙さと含蓄があり、
目の前に先生がいるかのように感じるときすらある。

バートランド・ラッセル
INTRODUCTION TO LUDWIG WITTGENSTEIN'S TRACTATUS
LOGICO-PHILOSOPHICUS (LOGICAL-PHILOSOPHICAL TREATISE), 1922

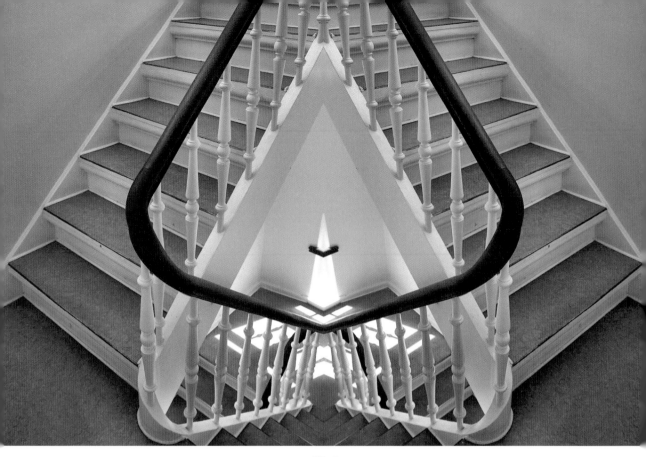

4月2日

誕生日：ポール・コーエン（1934年生まれ）

学生には，もう数学の授業をとらないと決める瞬間，よく耳を澄ますようにと言っている。
ドアが閉まる音が聞こえるはずだと。

ジェームズ・カバレッロ
"EVERYBODY A MATHEMATICIAN?," CAIP QUARTERLY, 1989

4月3日

この世界を，神々が指すチェス・ゲームに例えてみよう。
私たちは見物人だ……ずっと見ていれば，少しはルールが分かってくるだろう……
だが，なぜその手を打つのかは理解できない。
複雑すぎるし，私たちの知性を超えている……
もっと簡単な，ゲームのルールは何かという問題に的を絞るほかない。
ルールが分かった時に，私たちは世界を「理解」したと考えるのだ。

リチャード・ファインマン
THE FEYNMAN LECTURES ON PHYSICS, 1963

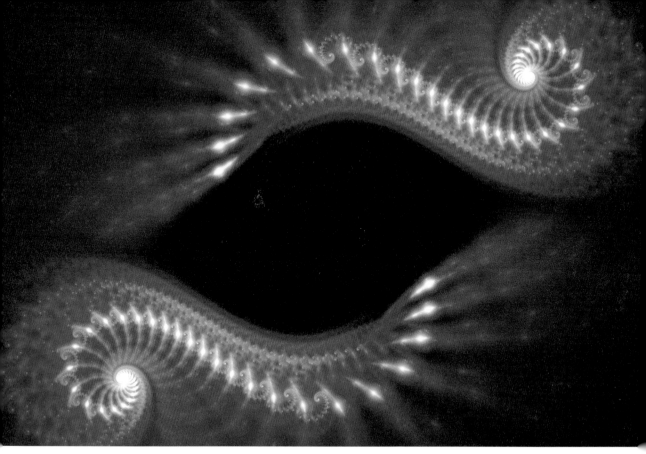

4月4日

「音楽を本当に理解できるのは科学者だけだ」と父は断言した。
それもただの科学者ではなく，真の科学者，
つまり数学を言語とする理論家でなければならない。
数学は関係性を表す象徴的言語だと父が説明してくれるまで，
彼女には数学が分からなかった。
「関係性は」と父は言った。「人生の本質を含んでいる」

パール・S・バック
THE GODDESS ABIDES, 1973

4月5日

仲間うちで話をするとき，
作家は本を，エコノミストは経済状況を，法律家は最近の事件を，
ビジネスマンは最近の買収を話題にできる。
だが，数学者は数学を話題にできない。
深遠な話になればなるほど，理解できなくなるからだ。

アルフレッド・アドラー
"REFLECTIONS : MATHEMATICS AND CREATIVITY," THE NEW YORKER, 1972

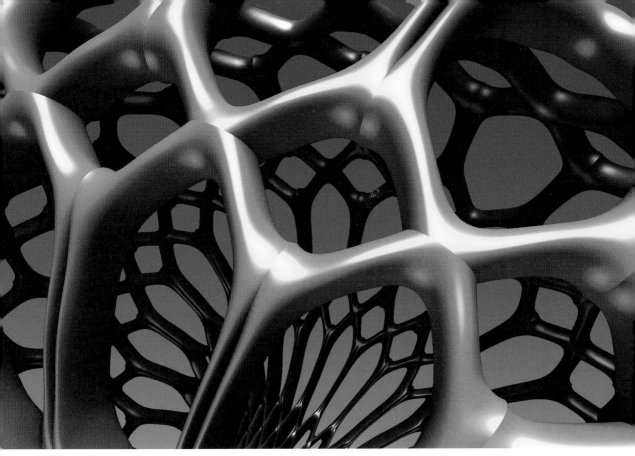

4月6日

数学や物理・機械科学において，モデルは極めて重要である。
はるか昔，哲学は思考の本質を見抜いた。
身の回りのさまざまな実体に特定の物理的属性——
つまり概念を定義し，それを用いて，思考する際にその実体を表す仕組みだ。
この観点からすると，思考と実体の関係は，モデルとそれが表す実物の関係と同じである。

ルートビッヒ・ボルツマン
ENCYCLOPAEDIA BRITANNICA, 1902

4月7日

数学的人生のほとんどは，実数直線上と実数空間内で，実数を使って過ごすことになる。
複素数に浸る人もいるが，しょせん，実数の後ろに i をつけただけのものだ。
ところで，有理数から作られる数はこれだけだろうか？
答えはノーだ。実数とも複素数ともまったく無関係な，数の並行宇宙が存在する。
p 進解析の世界へようこそ！
算術が巻尺に取って替わり，数はまったく新しい様相を帯びる。

エドワード・バーガー
"EXPLORING P-ADIC NUMBERS," DEPARTMENT OF MATHEMATICS,
KANSAS STATE UNIVERSITY WEBSITE, 2013

4月8日

　数学は，表紙を真鍮の留め金で綴じた製本済みの書物と異なり，忍耐さえあれば中身を読み進められるものではない。数学は，鉱山に埋まる金銀と異なり，長い期間を経て自分のものにする宝が，ごく一部の鉱脈や鉱床にのみ埋まっているわけではない。数学は耕作地と異なり，作物を何度収穫しても肥沃な土壌がやせることがない。数学は，大陸や大洋と異なり，地図を作って等高線を引けるようなものではない。……数学の可能性は，次々に生まれて増え続ける宇宙のように無限で，天文学者を驚かせる。数学を決まった範囲に閉じ込めることはできない。数学の価値を，永続的な正しさを定義することに限定することもできない。数学は，意識であり，生命である。それぞれの個体，あらゆる原子，葉とつぼみと細胞一つひとつの中で，眠っているように見えるときも，そこから突如として，新たな形態の植物や動物が生まれる可能性が，常にあるのだ。

ジェームズ・ジョセフ・シルベスター
ADDRESS ON COMMEMORATION DAY AT JOHNS HOPKINS UNIVERSITY, 1877

4月9日

誕生日：ジョージ・ピーコック（1791年生まれ），エリー・ジョゼフ・カルタン（1869年生まれ）

現代物理学の偉大な方程式は，科学の中で命を保ち続ける。
おそらくは，いにしえの時代から残る壮麗な大聖堂よりも永く。

スティーブン・ワインバーグ
（グレアム・ファーメロ IT MUST BE BEAUTIFUL, 2003から引用）

4月10日

レストランの勘定書に書かれた数字が従う数学法則は，
宇宙のどこのどの紙に書かれた数字とも違う。
この一言が科学界に嵐を巻き起こし，革命をもたらした。
膨大な件数の数学会議が高級レストランで開かれ，
結果として当代有数の頭脳が肥満や心不全で世を去り，数学の進歩は何年も停滞した。

ダグラス・アダムス
LIFE, THE UNIVERSE AND EVERYTHING, 1982

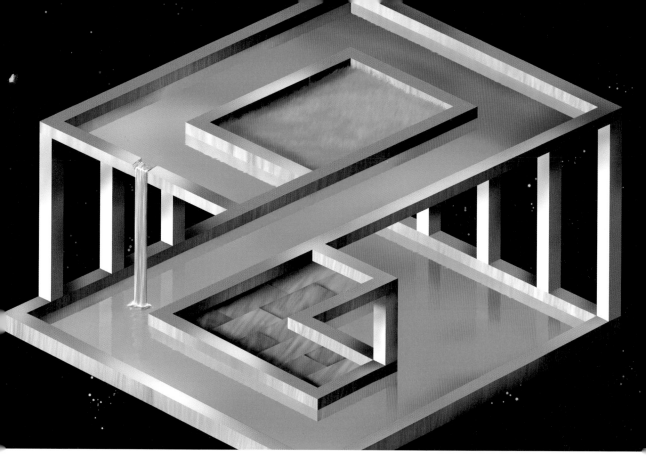

4月11日

誕生日：アンドリュー・ジョン・ワイルズ（1953年生まれ）

ここで疑問が生じる。いつの時代でも人々の心を捉えてきた疑問だ。
数学が，経験とは無縁の思考の産物にすぎないのに，なぜかくも見事に実体を表せるのか？
理性は，経験せずに考えるだけで，実体の性質を見抜けるのか？
私の答えはこうだ。実体にこだわる限り数学法則は信頼できない。
数学法則が信頼できるのは実体にこだわらないからだ。

アルバート・アインシュタイン
ADDRESS TO THE PRUSSIAN ACADEMY OF SCIENCES IN BERLIN, 1921

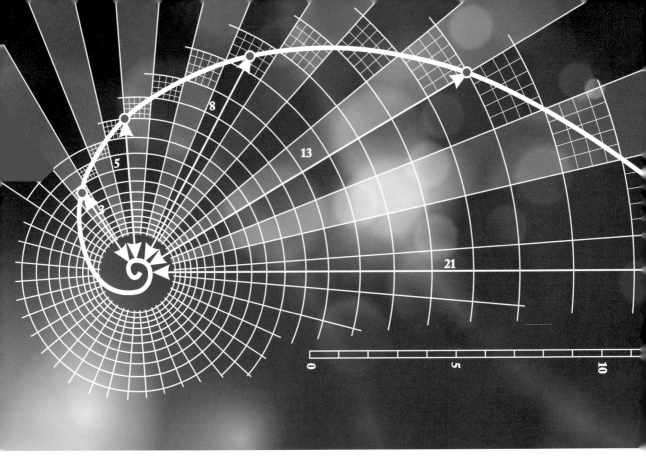

4月12日

物理的実体を表す僕たちの数学モデルは，
完全には程遠いとはいえ，実体を極めて精密にモデル化する方法だ。
数学抜きのどんな説明よりもはるかに精密に。

ロジャー・ペンローズ
"WHAT IS REALITY?," NEW SCIENTIST, 2006

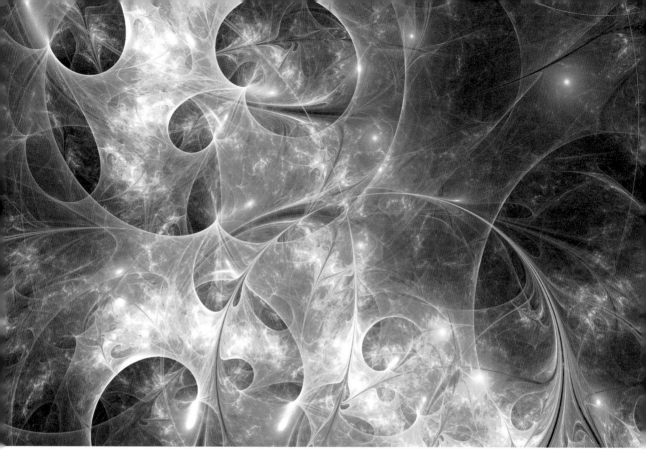

４月１３日

専門的にいうと私は超弦理論，つまりＭ理論の仕事をしている。
目標は方程式を見つけることだ。それは，おそらく１インチにも満たない短いものだろう。
アインシュタインの言葉を借りれば，「神の御心が読める」方程式である。

ミチオ・カク
"PARALLEL UNIVERSES, THE MATRIX, AND SUPERINTELLIGENCE," KURZWEILAI.NET, 2003

4月14日

私は宇宙が神秘だという見方には同意しない……
その見方は，400年前にガリレオが始め，
ニュートンが引き継いだ科学革命の価値を正当に認めていないと感ずるからだ。
二人は精密な数学法則に従う宇宙の，少なくとも一端を見せてくれた。
人類はそれ以来ずっと二人の仕事を推し進め……
今や通常経験することをすべて支配する数学法則を手に入れた。

スティーブン・ホーキング
BLACK HOLES AND BABY UNIVERSES, 1994

4月15日

誕生日：レオンハルト・オイラー（1707年生まれ），ヘルマン・グラスマン（1809年生まれ）

πが無理数だと知っていても実用の役には立たない。
だが知り得るものなら，知らずにはおれないだろう。
純粋数学者が数学に取り組むのは，美的満足を得て他の数学者と分かち合えるからだ。
人々が山登りを楽しむように数学を楽しむ。
非常に根気のいる，命がけとすら言える取り組みだが，とにかく楽しい。
数学者も自分の山に登頂するために努力し，その努力に価値を見出すのである。

エドワード・C・ティッチマーシュ
MATHEMATICS FOR THE GENERAL READER, 1948

4月16日

誕生日：ゴットホルト・アイゼンシュタイン（1823年生まれ）

多くの人が流暢に話せるという点では……
数学はこれまでで最も成功した世界言語だと言えるだろう……
方程式は詩だ。真理を精密無比に語り，大量の情報を簡潔に伝える……
言葉の詩が私たちの内面奥深くを照らすように，
数学の詩は，私たちが及びもつかないものを見せてくれる。

マイケル・ギーエン
FIVE EQUATIONS THAT CHANGED THE WORLD, 1995

4月17日

　昔の数学はユークリッドとニュートンの一般的な幾何学構造の上に成り立っていたが，現代数学は，カントールの集合理論とペアノの空間充填曲線から始まった……。こうした新しい構造は，「病的」，「怪物の展示」と呼ばれ，体制を揺るがすキュービズムの絵や無調音楽の同類だと見なされた……怪物を創り出した数学者は，自然界で見える単純な構造を超越した豊かな可能性を含む純粋数学の幅広さを示せた，と自負している。……だが，自然界は数学者をからかっていたのだ。……数学者が発明し，19世紀の自然主義から逃れたかに見えたのと同じ病的構造が，身の回りの至る所に見つかったのである。

フリーマン・ダイソン
"CHARACTERIZING IRREGULARITY," SCIENCE, 1978

4月18日

誕生日：ブルック・テイラー（1685年生まれ）

極上の美には，どこかアンバランスなところがある。

フランシス・ベーコン
"OF BEAUTY," 1625

4月19日

良い理論が究極の真理を伝えるとは限らない。
原子の中に，ぶつかり合う小さな硬い素粒子が「実在する」と主張しているわけでもない。
この研究に真理があるとすれば，それは数学の中にある。
素粒子の概念は，人間がこの数学法則を理解するのを支える松葉杖にすぎない。

ジョン・グリビン
THE SEARCH FOR SUPERSTRINGS, SYMMETRY, AND THE THEORY OF EVERYTHING, 1998

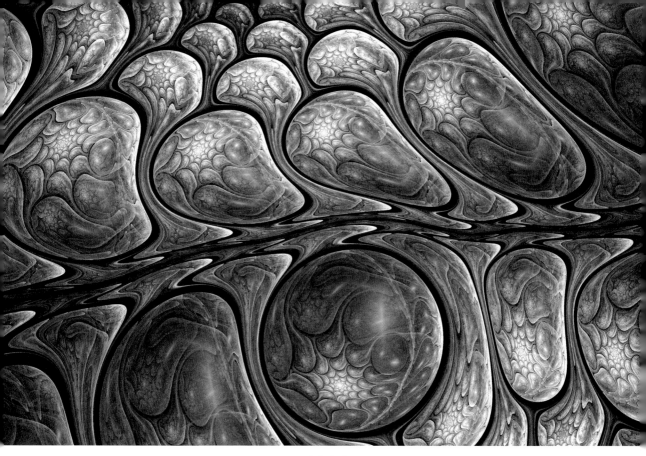

4月20日

　私たちは科学の研究において，その条件下で起き得るすべての事を説明でき，
かつ，同じ条件下で未来に起きる事を予測できる，最も簡潔な理論を受け入れる。
「最も簡潔」という点が大事で，これは詩や絵画の批評に潜む美意識そのものである。
門外漢には$\mathrm{d}x/\mathrm{d}t = k\mathrm{d}^2x/\mathrm{d}y^2$という数式が，
その意味する「拡散」という言葉より簡潔だとはとても思えない。
……だが，一般人にまったく馴染みのないこの式は，「変化率の変化率」を表しているのだ。

J・B・S・ホールデン
POSSIBLE WORLDS, 1927

4月21日

誕生日：マイケル・フリードマン（1951年生まれ）

整数同士の深く満ち足りた関係ほど美しいものはない。
整数は純粋な思考と美の王国の高みに立ち，実数と複素数を見下ろす……。

マンフレッド・シュレーダー
NUMBER THEORY IN SCIENCE AND COMMUNICATION, 1984

4月22日

誕生日：サー・マイケル・アティヤ（1929年生まれ）

いずれにせよ，子どもが実務的なことを面白がるわけがない。
複利計算に夢中な子どもなんて想像もできないだろう？
みんなファンタジーが大好きなんだ。そして，数学こそファンタジーだ。
現実からの解放，実生活の単調な世界を癒してくれる精神安定剤なんだ。

ポール・ロックハート
A MATHEMATICIAN'S LAMENT, 2009

4月23日

友達の不可知論者は,
再帰プロットの果てしない無限性に感激したあまり,「神の絵だ」と言った。
そう言っても神への冒涜にはなるまい。

ダグラス・ホフスタッター
GÖDEL, ESCHER, BACH, 1979

4月24日

人間は１本の葦であり，自然界で最も弱い存在である。
しかし，それは考える葦である。

ブレーズ・パスカル
PENSÉES（THOUGHTS），1669

4月25日

誕生日：フェリックス・クライン（1849年生まれ），アンドレイ・コルモゴロフ（1903年生まれ）

幾何学は以前，私たちが暮らす空間の性質を研究するものだと考えられていた。
存在するものは，すべて経験することによってのみ認識できるという考えの人々は，
幾何学を応用数学と見なすべきだと主張した。
だがやがて，非ユークリッド的体系が増えるにつれ，
空間の性質を求めるために幾何学を用いるのは，
米国の人口を求めるために算数を用いるのも同然になってしまった。

バートランド・ラッセル
"MATHEMATICS AND METAPHYSICIANS," MYSTICISM AND LOGIC AND OTHER ESSAYS, 1918

4月26日

あらゆる種類の空間を考える科学は，
有限の知性が幾何学において扱い得る最高の試みであることに間違いない……
もし別の次元を持つ領域が宇宙に存在できるのであれば，
すでに神が姿を与えているに違いない。
そのような高次の空間は，私たちの世界には属さず，別の世界を形成するだろう。

イマヌエル・カント
THOUGHTS ON THE TRUE ESTIMATION OF LIVING FORCES, 1747

4月27日

　数学と物理学の進歩により，私たちは詩的な空想の羽根に乗ってユークリッド空間の果てまで飛び，4次元以上の座標軸がお互いに直交する空間を理解したくなる。だがその先を目指した飛翔は，いつも3次元ユークリッド空間の大地に墜落した。4次元を理解するには大きな問題がある……確かに（高次元空間の）計算はできる。だがその姿を理解できないのだ。私たちは，生を受けた空間に，囚人のように閉じ込められている。2次元に存在する者が，3次元の存在を信じることはできても，見ることはできないように。

カール・ハイム
CHRISTIAN FAITH AND NATURAL SCIENCE, 1952

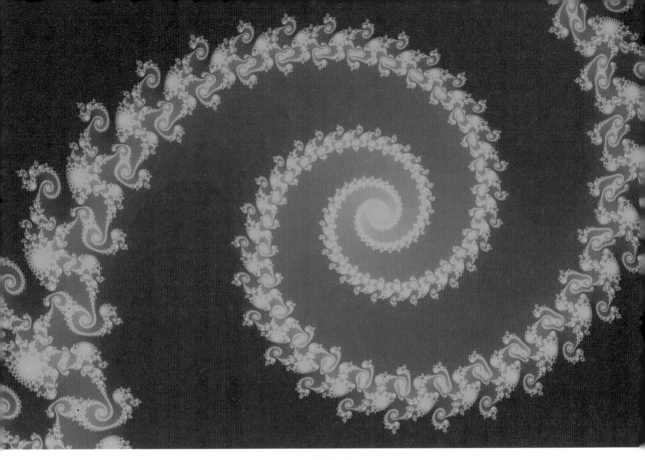

4月28日

誕生日：クルト・ゲーデル（1906年生まれ）

ゲーデルは純粋数学の世界が不滅であることを証明した。
どんな公理や法則の有限集合も，数学全体を包含できない。
公理の有限集合があるとして，その公理から証明できない数学的命題が存在するのだ。
私は物理学にも同じことが当てはまればと思う。
私の予想が正しければ，物理学と天文学の世界もやはり不滅だ。
未来をどこまで進んでも，新しい出来事，新たな情報，探求すべき新世界，
広がり続ける生命，意識，記憶の領域が，現れ続けるだろう。

フリーマン・ダイソン
"TIME WITHOUT END," REVIEWS OF MODERN PHYSICS, 1979

4月29日

誕生日:ジュール＝アンリ・ポアンカレ（1854年生まれ）

数学者は皆，二つの世界に住んでいる。
一つは結晶世界。観念だけでできた氷の宮殿だ。
もう一つは現実世界。その場限りで，混沌として，浮き沈みする。
数学者はこの二つの世界を行き来している。
結晶世界では大人，現実世界では幼児として。

シルバイン・カペル
（シルビア・ナサー　A BEAUTIFUL MIND, 1998 から引用）

4月30日

誕生日：カール・フリードリヒ・ガウス（1777年生まれ）

数学は科学への扉であり鍵である……数学の放棄はあらゆる知識を損う。
数学を知らずして他の科学，すなわちこの世界は知り得ないからだ。
おまけに，知らないことは自覚できないので，治しようがない。

ロジャー・ベーコン
OPUS MAJUS, 1266

5月1日

カントールは慎重に強調した。
宇宙は事実上無限であり，超限数 $\aleph_0$ と $\aleph_1$ に同値なべき乗たちのように
物質と精神のモナドが互いに関連しているという彼の予想は，まっとうであった。
しかし，だからと言ってこれが，
神が世界をこのように創らざるを得なかったことを意味するわけではない。

ジョゼフ・ダウベン
GEORG CANTOR, 1979

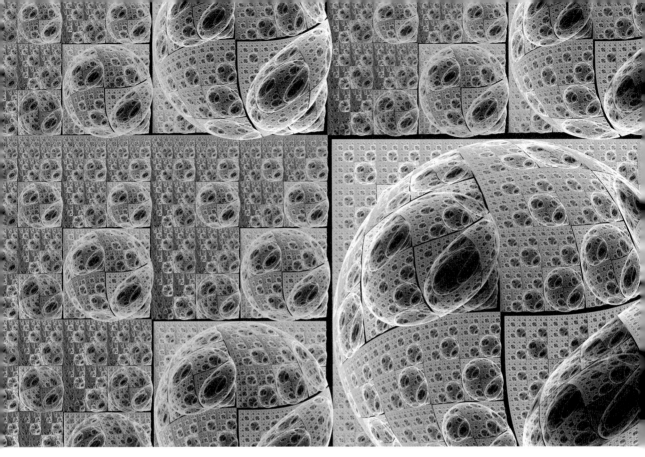

5月2日

宝くじは，数学的障害者に対する税金みたいなもんだと思う。

ロジャー・ジョーンズ
"'I'LL THROW IN 5 BUCKS,' AND RECORD PRIZE IS CLAIMED,"
THE NEW YORK TIMES, 1998

5月3日

ザビーネが一番落ち着くのは筆算で割り算するときだった。
ファン，そしてパルシファルが検査から戻ってくるのを待つ間，そうやって時間をつぶした。
みんなが編み物や読書をしている間に，その日の日付の平方根を計算する。
ザビーネは世界の不幸の多くを電卓の出現のせいにしていた。

アン・パチェット
THE MAGICIAN'S ASSISTANT, 1998

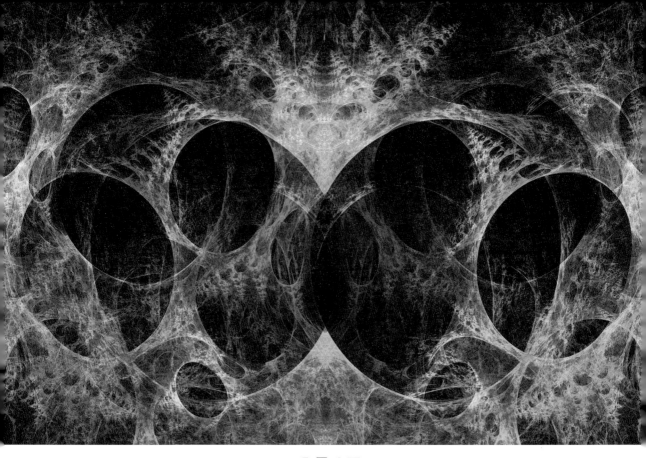

5月4日

誕生日：ウィリアム・キングドン・クリフォード（1845年生まれ）

数学で大事なのは，数学を恐れないことだ。

リチャード・ドーキンス
THE BLIND WATCHMAKER, 1986

5月5日

　私は微積分の教科書の宿題をほっぽり出して，気の向くままに行動した。
私がたまたま訪れたのは，ラスベガスのカジノ，ディズニーランド，ハワイのサーフィン，
ボーゼルのグリーン・マイクロジムのエクササイズだったが，そのどこにいても自問した。
これらと微積分とに，何の関係があるのであろう？

ジェニファー・ウーレット
THE CALCULUS DIARIES, 2010

5月6日

誕生日：アンドレ・ヴェイユ（1906年生まれ）

証明は自らを責めさいなむ数学者の前に立つ偶像だ。

サー・アーサー・エデイントン
THE NATURE OF THE PHYSICAL WORLD, 1930

5月7日

数学は，純粋さを極めた秩序と美であり，現実世界を超えた秩序である。

ポール・ホフマン
THE MAN WHO LOVED ONLY NUMBERS, 1998

5月8日

数学的発想は文学作品と同様，僕たちの共感の輪を拡げ，
独善的な狭い視野から解放してくれる。
数について深く考えると，人は成長するのである。

ダニエル・タメット
THINKING IN NUMBERS, 2013

5月9日

誕生日：ガスパール・モンジュ（1746年生まれ）

数学の進歩と成熟は，国家の繁栄と密接に結びついている。

ナポレオン・ボナパルト

CORRESPONDANCE DE NAPOLEON, 1868

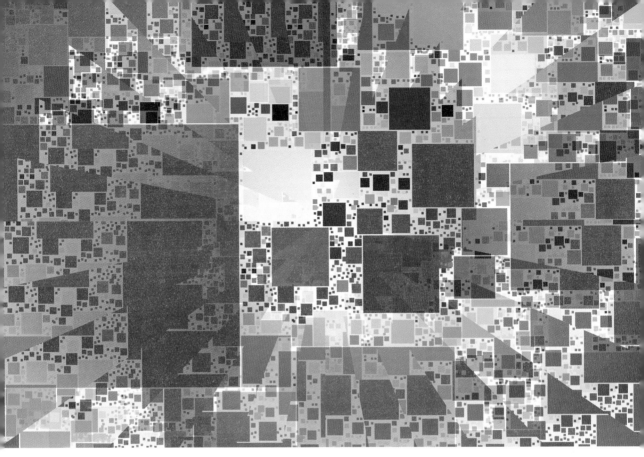

5月10日

私たちは小さな子どもだ。
さまざまな言語で書かれた書物が天井までぎっしり詰まった，
巨大な図書館に入ろうとしている……。
何語で書いてあるのか子どもには分からない。
だが本の配置に決まった規則があることに気づく。
何の順番なのか分からないが，何となく感じるのだ。

アルバート・アインシュタイン
INTERVIEWED IN G. S. VIERECK'S GLIMPSES OF GREAT, 1930

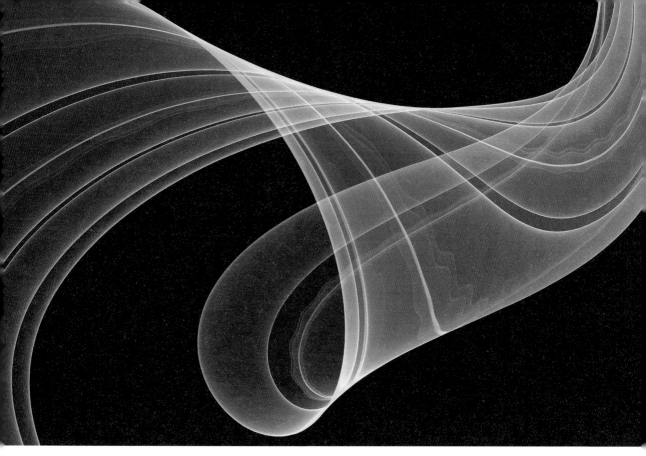

5月11日

謙虚に認めよう。
数字は純粋に私たちの精神の産物で，宇宙の実体は私たちの精神の外にある。
したがって宇宙の性質を完全に記述することは，そもそも無理なのだ。

カール・フリードリヒ・ガウス
LETTER TO FRIEDRICH BESSEL, 1830

5月12日

そのうちどこかでコンピューターに，リーマン予想が正しいかどうかを聞けたとして，
「はい，正しいです。でもあなたはその証明を理解できません」なんて言われたら，
本当にがっかりするだろうな。

ロナルド・グラハム
"THE DEATH OF PROOF," SCIENTIFIC AMERICAN, 1993

5月13日

誕生日：アレクシス・クレロー（1713年生まれ）

　プラトンのイデア界のどこかにそびえる，巨大な数学の城の気高い姿を，私たちは謙虚な気持ちで一心に探す（創るのではない）。最高の数学者たちが，その基本設計を読み解こうとするが，台所の小さなタイルの模様が分かっただけでも，この上なく幸せだ。……数学は仮定の存在にすぎない原始言語だが，それでも，私たちが扱うべき一つひとつの事項を細かく分けたとき，それらの前提となっている。この原始言語の作者（城の建設者）の正体は誰にも分からない……

ユーリ・I・マニン
"MATHEMATICAL KNOWLEDGE: INTERNAL, SOCIAL, AND CULTURAL ASPECTS,"
MATHEMATICS AS METAPHOR: SELECTED ESSAYS, 2007

5月14日

πは，小数第3位まででは実用的にも科学的にも価値がない。
第4位まであれば高性能エンジンの設計に使える。
第10位まで使えば，地球が真円だとして，
その円周を1インチ以内の誤差で求めることができる。

ペートル・ベックマン
A HISTORY OF PI, 1976

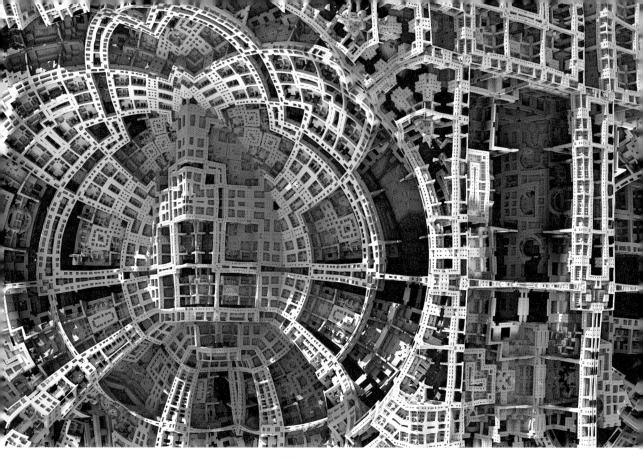

5月15日

　身の回りの世界とつながっている数学的構造を発見するのは……宇宙と交信するということだ。美しく深遠な構造とパターンは，鍛錬なしには見つからない。そこに数学があり，人を導き，人はそれに気づく。数学は深遠な言語であると同時に極めて美しい言語でもある。神の言語であると感ずる人もいる。ライプニッツもそうだった。私は宗教を信じないが，宇宙が数学的に構成されていることは固く信じている。

アンソニー・トロンバ
"UCSC PROFESSOR SEEKS TO RECONNECT MATHEMATICS TO ITS INTELLECTUAL ROOTS,"
UNIVERSITY OF CALIFORNIA PRESS RELEASE, 2003

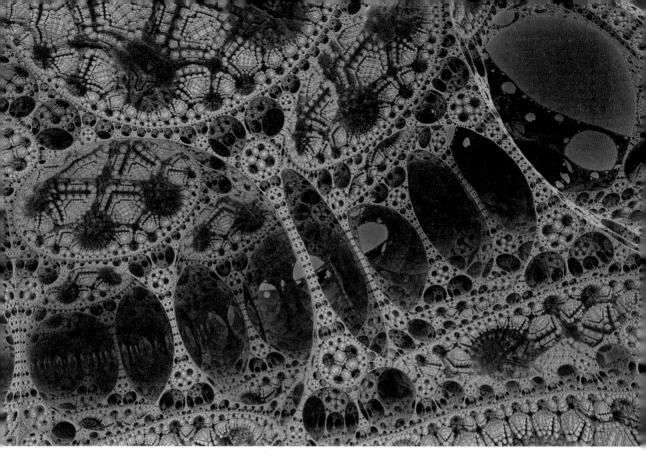

5月16日

誕生日：マリア・ガエターナ・アニェージ（1718年生まれ），パフヌティ・チェビシェフ（1821年生まれ）

周知のように，数学は近代科学を形成するに至ったが，
無限が持つ危険性にある程度目をつぶらなければ，決して今の形にはならなかっただろう。

デビッド・ブレッソード
A RADICAL APPROACH TO REAL ANALYSIS, 2007

5月17日

魔法陣は謎めいた魅力があるので面白い。
秘められていた数の仕組みをあらわにし、
意図的にそう設計されていたかのような印象を与える。
それは最初から仕組まれていたかのようである。
これに似た現象は自然界でも見られる。

ポール・ケーラス
IN W. S. ANDREWS'S MAGIC SQUARES AND CUBES, 1917

5月18日

誕生日：オマル・ハイヤーム（1048年生まれ），バートランド・ラッセル（1872年生まれ）

学問という島が大きくなる，謎と向き合う陸地も広くなる。
主要な理論が覆り，それまで信じていた学問が廃れ，学問は別の形で謎と向き合う。
新たな未解明の謎によって，人はみじめになり不安を抱くかもしれないが，
真理をつかむ代償だ。
創造的な科学者，哲学者，詩人が，島の海岸線でこうした営みを行っている。

W・マーク・リチャードソン
"A SKEPTIC'S SENSE OF WONDER," SCIENCE, 1998

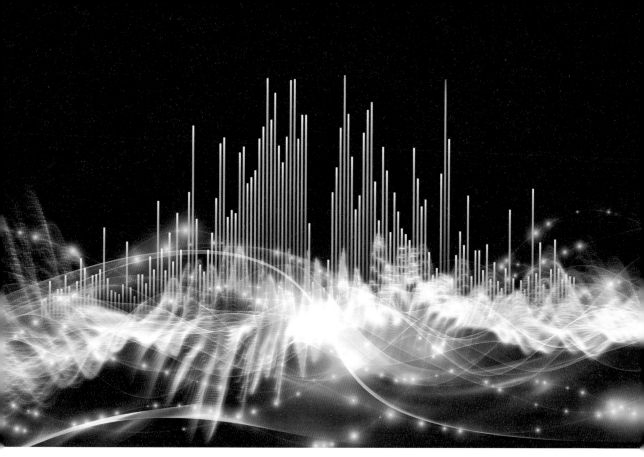

5月19日

純粋数学者は音楽家に似て，美しく整った自分の世界を，自由に創造する。

バートランド・ラッセル
A HISTORY OF WESTERN PHILOSOPHY, 1945

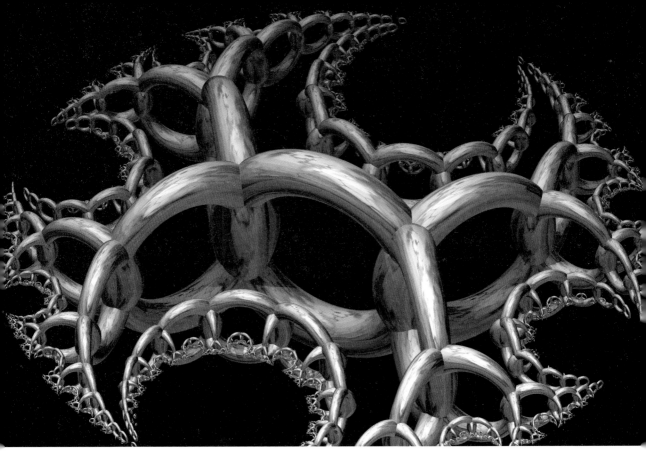

5月20日

カモシカは，岩から岩へと大きく跳ね，着地する。
直径2cmの足首を支える蹄に全体重がかかる。
これこそ挑戦，これこそ数学だ。
数学的な現象はいつも，日常生活に役立つような単純な計算から生まれる。
そこで用いられる数とは，神の武器なのだ。神は壁の向こうで数と戯れる。

ル・コルビュジェ
THE MODULOR, 1954

5月21日

魔方陣は数が本来持っている調和という性質を表す分かりやすい例だ。
あらゆる存在を支配する宇宙の秩序を通訳してくれる。
ただの知的遊戯とはいえ，数学の性質だけでなく，
数学的秩序に支配された存在の性質も描き出す。

ポール・ケーラス
IN W. S. ANDREWS'S MAGIC SQUARES AND CUBES, 1917

5月22日

物理学的方法は，科学的な現象に関し，
実験によって得る事実に勝るものはないとしており，それが原則である。
数学的方法は，科学的な事象を説明するにはより高級な学問が必要であるとしており，
それが原則である。
その高級な学問とは数学のことだ。

フルトン・J・シーン
PHILOSOPHY OF SCIENCE, 1934

5月23日

誕生日：エドワード・ノートン・ローレンツ（1917年生まれ）

これまでの経験によれば，自然は考え得る最も単純な数学的観念を具現化したものだ。
私は純粋な数学的構造を通して，
数学と物理学的実体をお互いに結びつける概念と法則が見つかると確信している。
自然現象を理解する鍵が手に入るのだ。
……つまり私はある意味，古代人が夢見たように，
純粋な思考で実体が把握できると信じている。

アルバート・アインシュタイン
"ON THE METHODS OF THEORETICAL PHYSICS," IDEAS AND OPINIONS, 1933

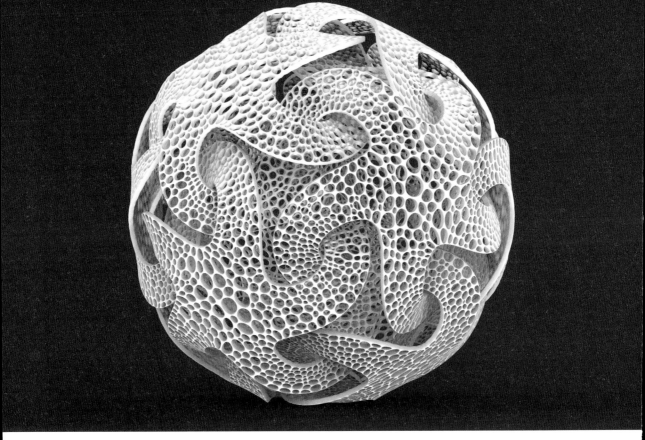

5月24日

力学を4次元空間の幾何学と考えることもできる。

ジョセフ=ルイ・ラグランジュ
MÉCANIQUE ANALYTIQUE, 1788

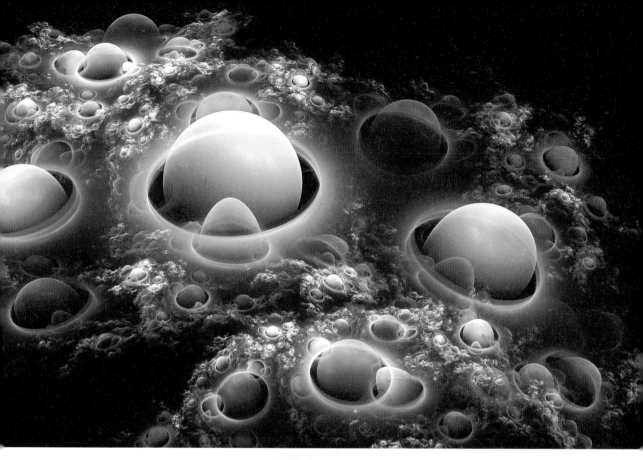

5月25日

この新しい数学はいわば言語を補うものだ。
形と量を考える方法を与え，言語より正確，簡潔，的確に表現する方法を与える。
物理科学の大半，経済科学の基本的事実の多く，無数の社会的・政治的問題は，
数学的分析の訓練を十分積んだ者でなければ，扱うことも考えることもできない。
進化中の偉大で複雑な世界的新国家の，有能な市民となるには，
現在読み書きできることがそうであるように，
計算でき平均と最大と最小を考えられることが不可欠だ，と認識される日も遠くないだろう。

H・G・ウェルズ
MANKIND IN THE MAKING, 1906

5月26日

誕生日:アブラーム・ド・モアブル(1667年生まれ)

確率に対する誤解ほど,科学的素養に有害なものはないだろう。

スティーブン・ジェイ・グールド
DINOSAUR IN A HAYSTACK, 1996

5月27日

ハイゼンベルクはアインシュタインにこう言った。
「自然に導かれて，誰も見たことがない極めて簡潔で美しい数式にたどり着いたのであれば，
その数式は"本物"で，自然の本当の姿を表している，と信じざるを得ません」

ポール・デービス
SUPERFORCE, 1984

5月28日

物理学は，無限に広がる宇宙が一つの等号の上に凝縮したものだ。

マーク・Z・ダニエレブスキー
HOUSE OF LEAVES, 2000

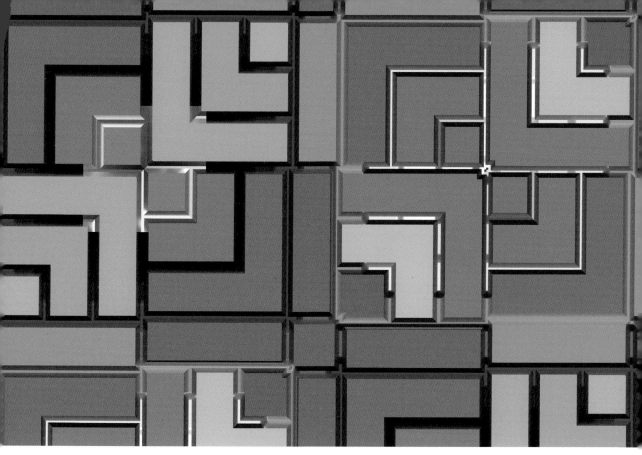

5月29日

ガリレオの時代以降，科学は着実に数学的になった。
……多くの理論家にとって，研究対象の現象を記述する基本方程式の存在は，
ほとんど信念と言ってよいものだった。
……が，……自然の基本法則は必ずしも数学的に表現する必要がなく，
もっとうまい説明方法があることが，徐々に分かってきた。
チェスのルールがそうであるように。

グレアム・ファーメロ
FOREWORD TO IT MUST BE BEAUTIFUL, 2003

5月30日

私はさまざまな人の写真を撮ってきた。画家，作家，科学者，などなど。
自分の仕事を語る時，数学者は「エレガンス」，「真理」，「美」という単語を，
数学者以外の全員を合わせたよりも多く使う。

マリアナ・クック
MATHEMATICIANS, 2009

5月31日

整数がドミノ牌のように並んでいるとしよう。
それぞれの牌が隣の牌を倒せるほど近くにある場合，
先頭の牌を倒せば，帰納的に考えて全部の牌が倒れる。
この例えの欠点は，それぞれの牌が倒れるのに時間がかかるので，
はるか先の牌はなかなか倒れないという点だ。
数学的な考えにおいては，時間の問題を度外視している。

ピーター・J・エクルズ
AN INTRODUCTION TO MATHEMATICAL REASONING, 1998

6月1日

意識は脳の物理的機能から生ずる。
物理的機能は精緻な物理法則に従う。
物理法則は数学に従う。
数学は脳がなければ存在できない。

ロジャー・ペンローズ
"WHAT IS REALITY?," NEW SCIENTIST, 2006

6月2日

数学者は画家や詩人のように様式を作り出す。
数学様式の方が長持ちするとすれば，それが観念でできているからだ。

G・H・ハーディ
A MATHEMATICIAN'S APOLOGY, 1941

6月3日

数学言語は日常言語と違う。合理的に設計されているのだ。
……人間社会の研究分野にリンネのように合理的な分類学者は現れていない。
……合理的な社会制度を設計すべきだと重々承知している人たちが，
合理的で国際的な言語を作る必要性を感じないのは，実に不思議だ。

ランスロット・ホグベン
MATHEMATICS FOR THE MILLION, 1937

6月4日

マンデルブロの入り組んだフラクタルを生成する簡潔な方程式は，
歴史上最も気の利いた数式だといわれている。

ジョン・アレン・パウロス
ONCE UPON A NUMBER, 1998

6月5日

世界はチェス盤で，駒が宇宙で起きている現象，ルールは自然法則だとしよう。
対戦相手の姿は見えない。相手はいつもフェアで我慢強い。
だが，決してミスを見逃さず，容赦なく無知を突いてくることを，
私たちは思い知らされている。

トーマス・ヘンリー・ハクスレー
LAY SERMONS, ADDRESSES, AND REVIEWS, 1888

6月6日

数学者が扱うのは議論の構造だけで，議論の内容には関心がない。
内容を知る必要さえない……。しかし物理学者はすべての語句に意味を込める……。
物理学では言葉と現実の関係を理解する必要があるのだ。

リチャード・ファインマン
THE CHARACTER OF PHYSICAL LAW, 1965

6月7日

僕が人並みにしか恋愛を知らないのは，これ以上知るべきことがないからだ。
実は恋愛を方程式に落とし込んだんだ：$\mathrm{Hdg}^k(X) = H^{2k}(X, \mathbf{Q}) \cap H^{k,k}(X)$。
……なんてもちろん冗談さ。これはホッジ予想の式だ。知ってるよね？

ジャロド・キンツ
THE DAYS OF YAY ARE HERE!, 2011

6月8日

普通の数の間に隠れていたのは無数の超越数だった。
数学をじっくり見ないとその存在は想像できないだろう。

カール・セーガン
CONTACT, 1985

6月9日

誕生日：ジョン・エデンサー・リトルウッド（1885年生まれ）

ぜひ分かってほしいのは，天啓ともいうべき感覚だ。
最初からそこに何か構造があると感じていたのに今まで見えなかった。
それが見えたのだ！　真理に潜む秘密，神のメッセージをつかむようなこの感覚こそ，
私が数学ゲームを手放せない理由である。

ポール・ロックハート
A MATHEMATICIAN'S LAMENT, 2009

6月10日

アインシュタイン以前，科学者は物事を観察し，記録し，
事実を説明する一片の数式を見つけようとした。
アインシュタインはこのプロセスをひっくり返した。
極めて深い洞察に基づいた美しい数式から始め，宇宙の成り立ちを説明し，
何が起きるかを予測したのだ。
それまでの科学が築いた秩序への衝撃的な反逆だった。
アインシュタインは科学における人類の創造性を示したのである。

シルベスター・ジェームズ・ゲーツ
（ピーター・タイソン "THE LEGACY OF E = MC^2," NOVA, 2005 から引用）

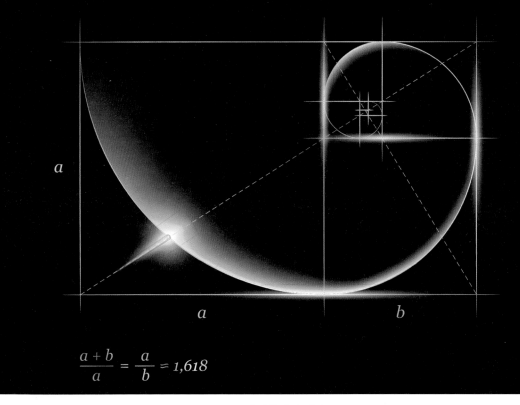

$$\frac{a+b}{a} = \frac{a}{b} \approx 1{,}618$$

6月11日

黄金分割が調和を生むのは，全体の中の異なる部分を統一することで，
それぞれの部分が個性を保ちつつ全体のパターンに溶け込む，という独特の性質による。
黄金比は無理数，つまり近似しかできない無限小数だ。
もっとも近似は数桁で差し支えない。
ピタゴラス学派はこの認識を畏れた。宇宙の秩序に秘められた力を感じ取ったのだ。
この認識はまた，黄金比を日常生活のパターンに応用する努力を促し，
生活を芸術に高めたのである。

ジョージ・ドーチ
THE POWER OF LIMITS, 1981

6月12日

誕生日：ウラジーミル・アーノルド（1937年生まれ）

数学をシンプルだと思わない人は，人生がどれほど複雑かを分かっていない人だ。

ジョン・フォン・ノイマン
ADDRESS AT ASSOCIATION FOR COMPUTING MACHINERY MEETING, 1947

6月13日

誕生日：ジョン・フォーブス・ナッシュ・ジュニア（1928年生まれ），グリゴリー・ペレルマン（1966年生まれ）

数学の追究は人間精神の神聖なる狂気だ。

アルフレッド・ノース・ホワイトヘッド
SCIENCE AND THE MODERN WORLD, 1926

6月14日

誕生日：アンドレイ・マルコフ（1856年生まれ），アトル・セルバーグ（1917年生まれ）

1960年代以降ほとんどの数学研究はおかしな状況に陥っている。
誰も聞いていない質問に対して，誰にも分からない答えを出しているのだ。
それなのに，答えを出した人物は学会から権威と呼ばれる。
権威という言葉自体，社会からの乖離を表している。
実用数学では数学の権威など必要ない。
欲しいのは野蛮人だ。進んで闘い，征服し，建設し，ものにする，
どんな理論を用いたかという既成概念にとらわれない数学者を求めているのだ。

ベルナール・ボーザミー
"REAL LIFE MATHEMATICS," IRISH MATHEMATICS SOCIETY BULLETIN, 2002

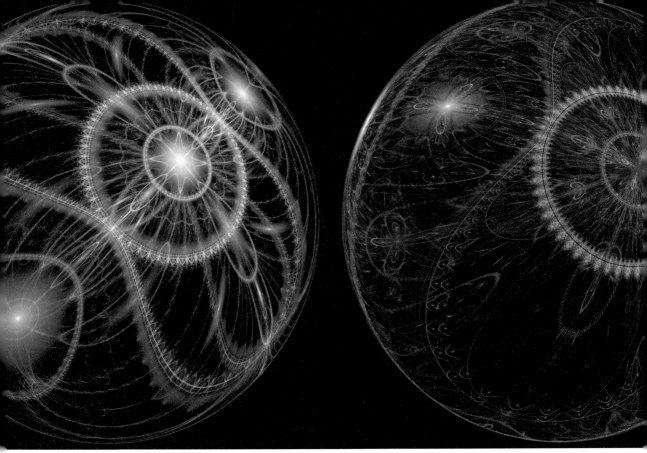

6月15日

似たところがまったくないように見える二つのものが，
実は密接に関係していることに驚くのはよくあることだ。
例えば，$x^2 + y^2 = n$ のように二つの整数の2乗の和で正の整数 n を表すことを考えた場合，
表し方が何通りあるかの平均が π になるなどと，いったい誰が思いつくだろう。

ロス・ホンズバーガー
MATHEMATICAL GEMS III, 1985

6月16日

数学の学習と研究は登山によく似ている。
1860年代にマッターホルンの登頂に成功するまで,
ウィンパーは何度も挑戦を繰り返し, 挙げ句に四人の仲間の命を失った。
しかし, 簡単にロープウェイで登れる今日の旅行者は,
初期の登頂の苦労など味わいたくないだろう。
数学でも同じだ。今では自明に見える小さな一歩を踏み出したときの大きな困難を,
理解するのは難しいかもしれない。
そうした一歩が今も踏み出され, やがて忘れ去られるとしても, 驚くにはあたらないだろう。

ルイス・ジョエル・モーデル
THREE LECTURES ON FERMAT'S LAST THEOREM, 1921

6月17日

キャサリンの体内時計は狂ってしまった。
時間の超４次元立方体に陥り，昼と夜が溶け合った。

シドニィ・シェルダン
THE OTHER SIDE OF MIDNIGHT, 1974

6月18日

私たちは数学の授業で生徒に大きな誤解を与えている。
教師はどんな問題の答えでも知っているという誤解だ。
あらゆる問題の正解を書いた本がどこかにあって，
教師はそれを見ているに違いないと生徒は考える。
その本を手に入れさえすれば，すべては片付くのだと。
数学の本質からは程遠い考え方だ。

レオン・ヘンキン
TEACHING TEACHERS, TEACHING STUDENTS, 1981

6月19日

誕生日：ブレーズ・パスカル（1623年生まれ）

定理が証明できると実にうれしい。
だが喜びは続かない。未解決の問題こそ私たちを駆り立てるのだ。

カール・ポメランス
ADDRESS TO MATHEMATICAL ASSOCIATION OF AMERICA, 2000

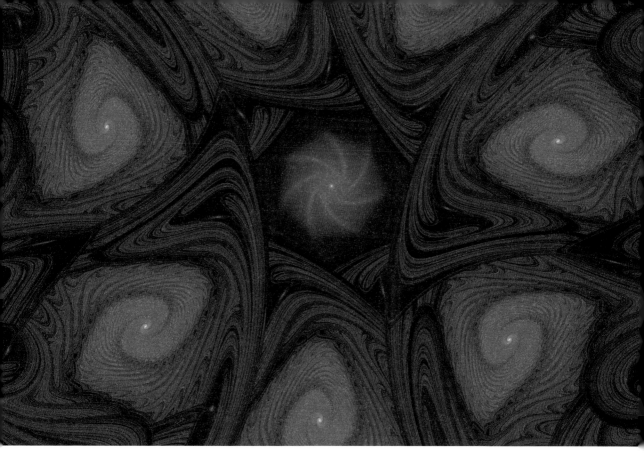

6月20日

数学者と詩人，尺度と熱意，正確さと情熱。この結びつきは確かに理想的だ。

ウィリアム・ジェームズ
COLLECTED ESSAYS AND REVIEWS, 1920

6月21日

誕生日：シメオン・ドニ・ポアソン（1781年生まれ）

この導関数とは何か？　速度の無限小の増分だ。
では無限小の増分とは何か？
有限の量でも，無限小の量でも，無でもない。
死せる量の幽霊とでも呼べないだろうか？

ジョージ・バークレー
THE ANALYST, 1734

186

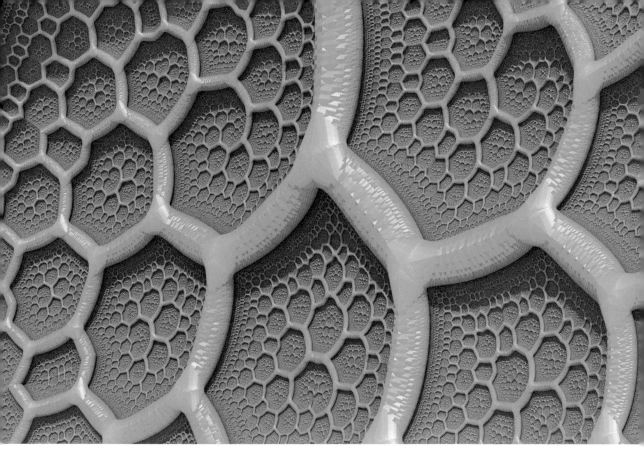

6月22日

誕生日：ヘルマン・ミンコフスキー（1864年生まれ）

科学が自然を描いたうちで，観測結果と一致するように見えるのは，
数学が描いたものだけだ。
……この宇宙を建築した偉大な者は，
その建造物を見れば分かるように，純粋数学者である。

ジェームズ・ホップウッド・ジーンズ
THE MYSTERIOUS UNIVERSE, 1932

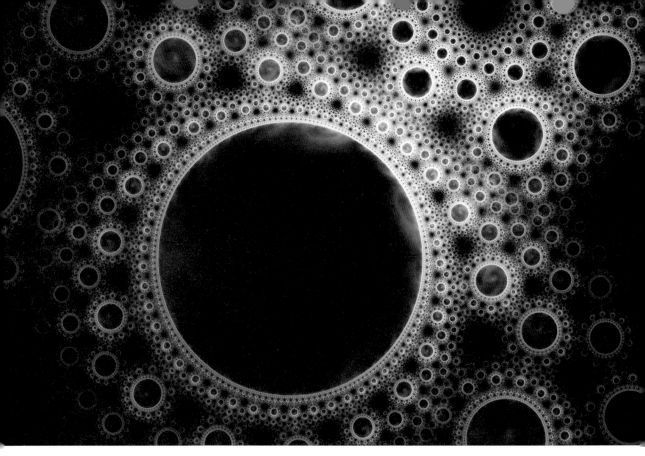

6月23日

誕生日：アラン・マシソン・チューリング（1912年生まれ）

我々は無知の海に囲まれた知識の島に住んでいる。
知識の島が大きくなるにつれ，無知の海岸線も延びるのだ。

ジョン・A・ホイーラー
SCIENTIFIC AMERICAN, 1992

6月24日

誕生日:オズワルド・ベブレン(1880年生まれ)

幾何学は永遠の存在を知るためにある。

プラトン
REPUBLIC, C. 380 BCE

6月25日

$1/r^2$ は $r=0$ にやっかいな特異点を持つ。
だがニュートンは気にしなかった。月はとても遠いからだ。

エドワード・ウィッテン
ADDRESS TO THE AMERICAN MATHEMATICAL SOCIETY, 1998

6月26日

問題は，僕たちがちっぽけな整数の集合に浸ってしまい，
往々にして無数の巨大な数からなる莫大な集合を無視する点だ。
僕たちの視野はなんと狭く，陳腐なのだろう！

P・D・シューマー
MATHEMATICAL JOURNEYS, 2004

6月27日

パソコンの画面の幅が30cmだとする。
マンデルブロ集合を拡大して複素平面の10^{-12}の幅を画面いっぱいに映したとすれば，
そのマンデルブロ集合全体は木星まで届く。
フラクタルを探検すれば，これまで誰も見たことのないマンデルブロ集合のかけらを
発見する可能性はどれくらいあるだろうか？　あるなんてもんじゃない。ほぼ確実だ。
自分の名前を付けた星を有料で登録できる会社があるけれど，
マンデルブロ集合でもそうなるかもしれない！

ティム・ウェグナー，マーク・ピーターソン
FRACTAL CREATIONS, 1991

6月28日
誕生日:アンリ・ルベーグ(1875年生まれ)

幾何学を知らざるもの,立ち入るべからず。

プラトンアカデミー
INSCRIPTION, C. 380 BCE

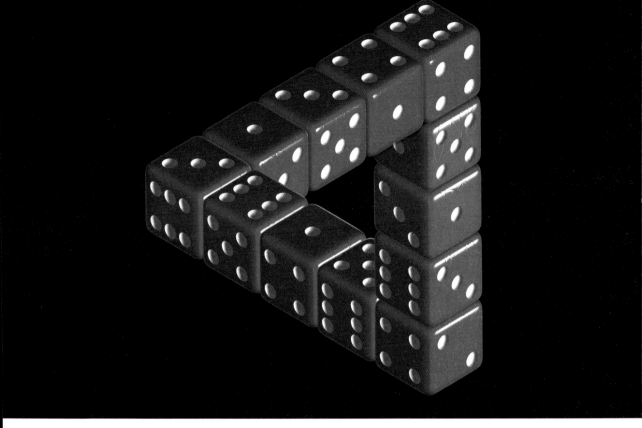

6月29日

ゲームをすれば超現実数が見つかる。
ケンブリッジ時代，数学をするはずの時間に
四六時中ゲームに没頭して後ろめたく思ったものだ。
やがて超現実数を発見したとき，ゲームで遊ぶことこそ数学だと分かった。

ジョン・H・コンウェイ
PUBLIC LECTURE, PRINCETON UNIVERSITY, 1999

6月30日

$y = e^x$ が自分自身の微分だと知って驚かない者はいるまい。
不死鳥のように自分の遺灰から蘇るのだ。

フランソワ・ル・リヨネ
GREAT CURRENTS OF MATHEMATICAL THOUGHT, 1962

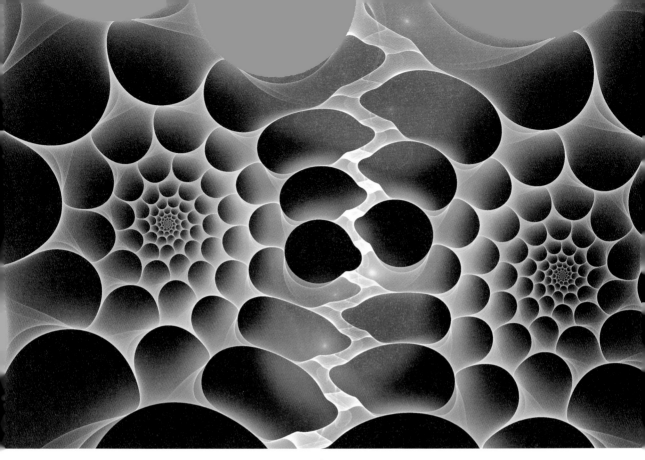

7月1日

誕生日：ゴットフリート・ビルヘルム・ライプニッツ（1646年生まれ），
ジャン＝ビクトル・ポンスレ（1788年生まれ）

微積分の発明は1600年代の偉大な知的業績である。
数学史で起きた興味深い偶然の一致の一つだが，
二人の男が，それもほとんど同時に，考え出したのだ。

デビッド・M・バートン
THE HISTORY OF MATHEMATICS, 2010

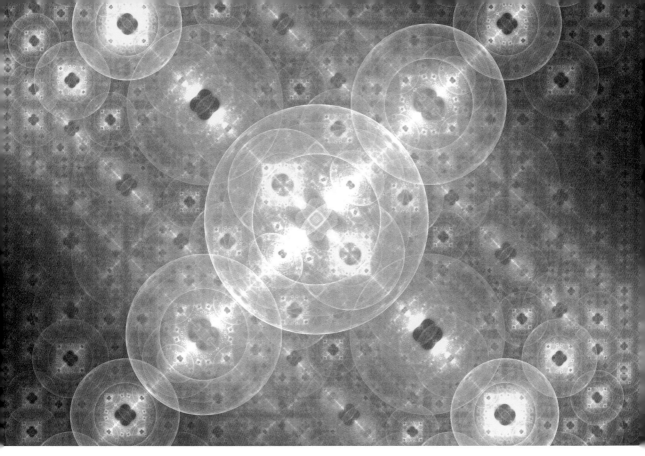

7月2日

その部屋には立ち話をしている男たちもいた。
ドアの右手には小卓を囲む輪ができている。
一座の中心となっているのは数学の学生で，熱弁を振るっていた。
彼は，ある直線と平行に，任意の一点を通る直線が2本以上引けると主張した。
ハーゲンシュトレーム夫人は，そんなの不可能だわと叫んだ。
そこで彼は決定的な証明を続け，聞き手はさも分かったように振る舞うほかなかった。

トーマス・マン
LITTLE HERR FRIEDEMANN, 1898

7月3日

ジェセラックは数字の渦を前に身じろぎもしなかった。
自分が学んでいる素数が，明らかに何の法則にも従わず，
整数の領域全体に散らばっている様子にうっとりしていた。

アーサー・C・クラーク
THE CITY AND THE STARS, 1956

7月4日

コンピューターは，私たちの科学への取り組み方に決定的な飛躍をもたらす。
すべての方程式が解を持つとは限らない世界に私たちを連れて行ってくれるからだ。
私たちは非線形システムに羽飾りが付いているのを見ることができる。
そして突然，線形システムにはない，きらびやかな衣装を全身にまとっているのが見えるのだ。

ノーマン・パッカード
OMNI, 1992

7月5日

私たちは，自然界に適用できるという数学の興味深い力を，いつも目にしてきた。
これは私たちの精神と自然の深いつながりを表しているのだろう。
私たちは宇宙の声であり，自然界の一部なのだ。
私たちの論理体系と数学が，自然界と美しく響き合うのも，驚くにはあたらない。

ジョージ・ゼブロウスキー
"LIFE IN GODEL'S UNIVERSE," OMNI, 1992

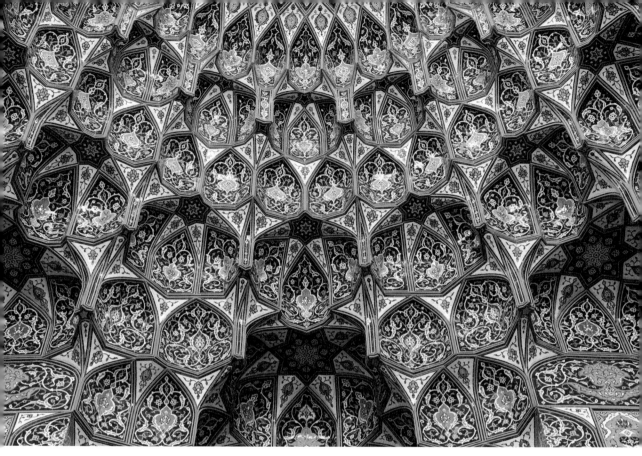

7月6日

学生は，人類の真摯な試みの中でもっとも人間らしいのが数学であることを学ぶ必要がある。
人類を代表する，血の通った人々が，何世紀にもわたって創造的に格闘し，
この壮大な殿堂を見出し，建設した。
戦いは今日も続く。人間味のない学問として数学を教え，教わる，まさに大学のキャンパスで，
新しい数学が生み出されるのだ。潮の満ち干と同じぐらい確実に。

J・D・フィリップス
"MATHEMATICS AS AN AESTHETIC DISCIPLINE,"
HUMANISTIC MATHEMATICS NETWORK JOURNAL, 1995

7月7日

解けそうで解けない，でも解かずにはいられない，
そんな数学の問題の研究から得られるのは，
精神の集中，果てしなき挑戦の中の心の平安，活動中の休息，衝突なき戦い，
いわゆる「切迫した不測の事態からの逃避」，
千変万化の世相に疲れた気持ちに不動の山々が与える類の美である。

モーリス・クライン
MATHEMATICS IN WESTERN CULTURE, 1953

7月8日

単純な形には人間味がない。
自然の自己組織化や，私たちが世界を認識する方法と共鳴しない。

ジェームズ・グリック
CHAOS, 1987

7月9日

ゲルファントは，数学について語ったとき，
まるで詩について語ったかのようだったので，私は驚いた。
彼はかつて数式でびっしり埋まった長い紙のことを話してくれた。
あるアイデアのぼんやりした始まりを含んでいて，手がかりだけはつかめたが，
それ以上明確にすることは，どうしてもできなかったと言う。
私はいつも数学がもっと単純なものであると考えてきた。公式は公式，代数は代数だ。
だがゲルファントはスペクトル系列の中に潜むハリネズミを見つけたのだ。

ダサ・マクダフ
MATHEMATICAL NOTICES, 1991

7月10日

数学的厳密さは衣服に似ている。
その場にふさわしくなければならず，
大きすぎても小さすぎても快適さを欠き，動きやすさを損なう。

G・F・シモンズ
THE MATHEMATICAL INTELLIGENCER, 1991

7月11日

多くのアメリカ人の人生には2種類の数学がある。
教室で出合う，とっつきにくい退屈な数学と，興味深い一連の思考としての数学の世界だ。
後者の世界は前者とは不思議なほど異なり，驚くほど魅力的である。
私たちの仕事は，今日の学生に後者の数学を引き合わせ，
数学に対する興味を呼び覚まし，自分たちの将来に備えてもらうことだ。

ジョー・ボーラー
WHAT'S MATH GOT TO DO WITH IT?, 2008

7月12日

私のように数学者でない者にとって，コンピューターは想像力の心強い友になり得る。
数学と同じで，私たちの想像力を拡げるだけでなく，
想像力を鍛錬し，制御してくれるのだ。

リチャード・ドーキンス
THE BLIND WATCHMAKER, 1986

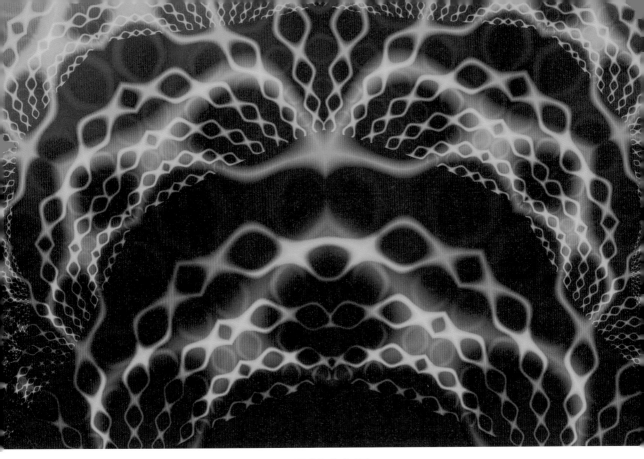

7月13日

　人はなんのために，数学や自然哲学を好むようになったのだろうか？……人は自分が理解できないことを，すぐに無用呼ばわりする。まるで腹いせのようなものだ。……初めに次のように考える人がいるかもしれない。数学を自分たちに役立つ範囲に限定しておいたなら，技能と直接的，実際的な親和性を持つ数学だけが発展し，残りの数学は空論として退けられたはずだと。だがそれはまったく間違った意見だろう。例えば，天文学は航海術に不可欠だが，航海術のためだけのものだったら，これほど発展しなかったはずだ。また，天文学には望遠鏡が必要であり，光学がなければ存在できない。そしてすべての要素が数学でできている天文学と光学は，幾何学の上に成り立っているのだ。

ベルナール・ル・ボビエ・ド・フォントネル
"OF THE USEFULNESS OF MATHEMATICAL LEARNING," 1699

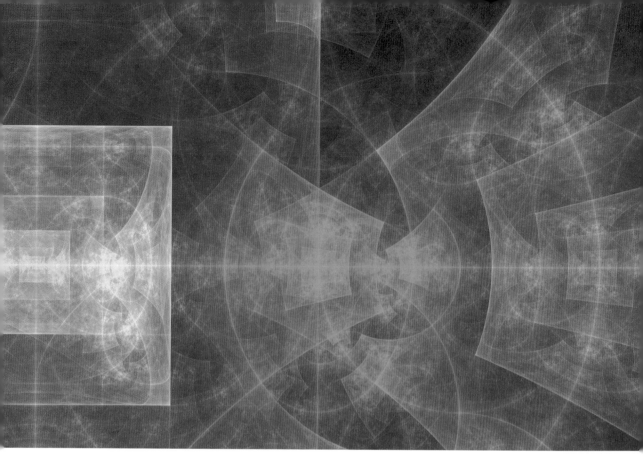

7月14日

ユークリッドだけが，ありのままの美の女神を見た。
むやみに美を騒ぎ立てる者は黙らせよ。
大地にひざまずかせよ。
自らをむなしくして，無を見つめさせよ。
その間に刻々と移ろう天地の境に一つとして複雑さはない。
鳴き騒ぐガチョウを気にもせず，ユークリッドに従う勇者たちは
囚われの身が，光り輝く空に解き放たれることを願う。

エドナ・セント＝ビンセント＝ミレイ
"EUCLID ALONE HAS LOOKED ON BEAUTY BARE," 1922

7月15日

誕生日：スティーブン・スメイル（1930年生まれ）

世の中には楽観的な人がいて，数式の頭に積分記号さえ付いていれば，
当然のように，積分が備えていてほしいあらゆる性質を表すに違いないと思っている。
もちろん，われわれ厳格な数学者には大いに迷惑な話だ。
だがもっと迷惑なのは，そうすることで，彼らが往々にして正解を得ることである。

E・J・マクシェーン
"INTEGRALS DEVISED FOR SPECIAL PURPOSES,"
BULLETIN OF THE AMERICAN MATHEMATICAL SOCIETY, 1963

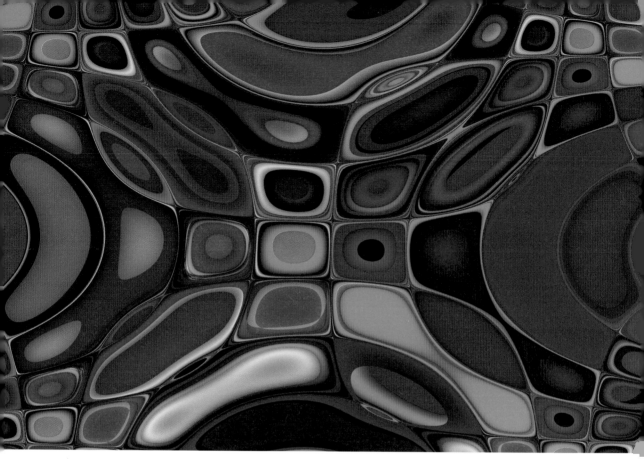

7月16日

誕生日：ユリウス・プリュッカー（1801年生まれ）

プラットナーの身体の左右が不思議にも入れ替わったのは，
彼が私たちの空間からいわゆる4次元空間に移動して，
またこの世界に戻ってきたことの証しだ。

H・G・ウェルズ
"THE PLATTNER STORY," 1896

7月17日

物理学者は，十分注意して使えば，
数学が真理への確かな道であると理解するようになった。

ブライアン・グリーン
THE FABRIC OF THE COSMOS, 2005

7月18日

ニュートンたちによる科学革命を，3世紀離れた見晴らしの良い場所から振り返り，
西洋思想の重大な転換を，その中心的な特徴を切り離して理解しようとすれば，
数学と思考の定量化の役割が著しく目立つ。
アレクサンドル・コイレの言う自然の幾何学化だ。
16世紀から17世紀にかけて始まった自然の幾何学化は，それまでにない勢いを得て進行した。
今日科学者になるということは，数学を理解し使うことだが，
それが科学革命からの最も顕著な遺産かもしれない。

リチャード・S・ウェストフォール
"NEWTON'S SCIENTIFIC PERSONALITY," JOURNAL OF THE HISTORY OF IDEAS, 1987

7月19日

アルゴリズム処理が苦手という自然言語の性質こそ,
物理学にふさわしい言語は数学しかないことの決定的理由かもしれない。
$E = mc^2$ や $\int e^{is(\varphi)} D\varphi$ といった式を表す言葉がないからではない。
要は, こうした偉大な発見に対して, 言葉だけでは未だに手も足も出ていなかっただろう,
ということである。……奇跡的に……極めて高度な抽象化を行って,
やっとどうにか実体を反映できる程度なのだ。
物理学者が見出した世界の知識は, 数学言語によってのみ表現できるのである。

ユーリ・I・マニン
"MATHEMATICAL KNOWLEDGE: INTERNAL, SOCIAL, AND CULTURAL ASPECTS,"
SELECTED ESSAYS OF YURI I. MANIN, 2007

7月20日

偉大な建設者たる神が，人からも，天使からも，秘密を巧みに隠し明かさなかったのは，
自分を称えるべき者から詮索されぬため。
もしくは，その者どもが是が非でも，宇宙の成り立ちを当てようと言い争うに任せ，
おそらく，その珍妙な議論に大笑いするためだ。
この先，その者どもが天体の模型をつくるときが来て，
星の動きを計算し，星が壮大な構造にどうかかわるのか，考えを組み立て，組み直し，
つじつまを合わせ，天球に，中心と離心を与え，
円と周転円，軌道の中の軌道を書き散らす様を。

ジョン・ミルトン
PARADISE LOST, 1667

7月21日

数学史家の主な責務にして，かつ一番の特権は，
数学の人間性を説明し，その偉大さと美と尊厳を描くことである。
何世代にもわたる，たゆまぬ努力と天才の積み重ねが，かの壮大なモニュメント ——
人類が当然誇るべき対象，私たち一人ひとりが驚嘆し，謙虚になり，
感謝の気持ちを抱く対象 —— を，どのように築き上げたかを記述するのだ。
数学史の研究から生まれるのは，より優秀な数学者ではなく，
よりバランスのとれた数学者である。
すなわち，数学史は，数学者の精神を豊かにし，心を癒し，より優れた資質を引き出すのだ。

ジョージ・サートン
"THE STUDY OF THE HISTORY OF MATHEMATICS," AMERICAN MATHEMATICS MONTHLY, 1995

7月22日

　生物学者は原生生物までさかのぼれるし，化学者は結晶体までさかのぼれる。だが生命がなぜ，どのように始まったかという核心の質問には答えられない。天文学者が数百万年をさかのぼってガスと真空にたどり着くと，数学者は宇宙を丸ごと非現実的な存在に変え，私たちがなんとか自明に存在を認められる唯一のものは，自分の思考だけであるとの結論に達する。我思う，ゆえに我あり，ゆえに万物あり。これだけ苦労したのにデカルトから進歩していないのだ。こうした学者の中で，天文学者と数学者が一番陽気なのに気づいただろうか？　きっといつも壮大なスケールの問題ばかり考えているから，どのみち細かいことを気にしないのか，もしくは，これだけ大きく精緻なものには，どこかに意味があるはずだと感じているのだろう。

ドロシー・L・セイヤーズ，R・ユースタス
THE DOCUMENTS IN THE CASE, 1930

7月23日

私たちは，優れた記号を用いることで，
すべての余計な作業から頭脳を解放して，より高度な問題に集中することができる。
実際，人類の知力が向上するのだ。

アルフレッド・ノース・ホワイトヘッド
AN INTRODUCTION TO MATHEMATICS, 1911

7月24日

私たち自身4次元の存在で，その一面，つまり私たちのごく一部だけが
3次元に現れている，と言えるまっとうな理由があるかもしれない。
その一部だけが3次元で暮らし，その一部だけを自分の肉体として意識するのだ。
自分の大部分は4次元で暮らしているが，自分で意識することができない。
あるいは，私たちは4次元の世界で暮らしているが，
3次元の世界でしか自分を意識できない，と言ったほうがより正確かもしれない。

P・D・ウスペンスキー
THE FOURTH DIMENSION, 1908

7月25日

ティンダルは，物質の中に生命のあらゆる形の兆候と可能性を見たと言って，
アイルランド人特有の明晰さで磁性原子の世界を描いた。
どの磁性原子もＮ極とＳ極を持ち，秩序ある結晶構造の中で，
引き合い，反発し合って自己整列している。
この絵は，無秩序極まりない現世に悩む思索家を危険なほど魅了する。
より純粋な思考対象を切望する思索家は，結晶と磁石の思索に，
数学者が抽象的な数に見出した幸福よりも感動的で円熟味のある幸福を見出す。
肉欲に汚されていない美と運動が，結晶の中に見えるからだ。

バーナード・ショー
BACK TO METHUSELAH, 1921

7月26日

数的科学と数理科学の純粋な精神的概念ほど，
私にただ一つの神の存在を確信させるものはない。
この概念は神から人類に長い時間をかけて授けられてきたものである。
後世においても，微分法の概念を，そして今や抽象代数学の概念を授けられた。
すべては崇高なる全能の御心の内に，太古からあったに違いない。

マーサ・サマビル
PERSONAL RECOLLECTIONS, FROM EARLY LIFE TO OLD AGE, OF MARY SOMERVILLE, 1874

7月27日

誕生日：ヨハン・ベルヌーイ（1667年生まれ），エルンスト・ツェルメロ（1871年生まれ）

微分方程式という研究手法の成功は目覚ましく，広範に及んだ。
基本的で重要なものも含め多くの問題が，解けるものとして方程式にされた。
自己選択の仕組みができて，解けそうにない方程式は，
解けそうなものよりおのずと注目度が下がった。

イアン・スチュアート
DOES GOD PLAY DICE?, 1989

7月28日

数学は，そうすると，芸術である。実際，数学には各時代の様式がある。
数学は一般人や哲学者（ここでは一般人と変わらない）が想像するような，
本質的に不変なものではなく，すべての芸術と同じく，時代ごとに人知れず変わっていく。
現代数学を多少なりとも知ることは決して無益ではないし，
それなくして，偉大な芸術の発展を論じることは決してできないはずだ。

オスバルト・シュペングラー
"MEANING OF NUMBERS," IN JAMES NEWMAN'S THE WORLD OF MATHEMATICS (VOL. 4), 1956

7月29日

自然科学における数学の著しい有用性は，ある意味神秘的ですらあり，
合理的な説明はできない。そこに自然法則が存在すると考えるのはまったく不自然だし，
まして人類が発見できるものでもない。
物理法則を数式化する数学言語の的確さという奇跡は，
人類の理解を超えた，人類にはもったいない贈り物だ。

ユージン・P・ウィグナー
"THE UNREASONABLE EFFECTIVENESS OF MATHEMATICS IN THE NATURAL SCIENCES,"
COMMUNICATIONS ON PURE AND APPLIED MATHEMATICS, 1960

7月30日

私の円を踏むな。

アルキメデス
C. 212 BCE

3.141592653589793238462643383279502884197169399375105820974944592
3816406286208998628034825342117067982148086513282306647093844609550
5822317253594081284811174502841027019385211055596446229489549303819
6442881097566593344612847564823378678316527120190914564856692346034
8610454326648213393607260249141273724587006606315588174881520920962
8292540917153643678925903600113305305488204665213841469519415116094
3305727036575959195309218611738193261179310511854807446237996274956
7351885752724891227938183011949129833673362440656643086021394946395
2243719070217986094370277053921717629317675238467481846766940513200
0568127145263560827785771342757789609173637178721468440901224953430
1465495853710507922796892589235420199561121290219608640344181598136
2977477130996051870721134999999837297804995105973173281609631859502
4459455346908302642522308253344685035261931188171010003137838752886
5875332083814206171776691473035982534904287554687311595628638823537
8759375195778185778053217122680661300192787661119590921642019893809

7月31日

このπマシンはπの各桁を，
どの桁も直前の桁の半分の幅になる超現実的な活字で印字する。
最後まで印字しても索引カード１枚に収まるが，
最も強力な電子顕微鏡を使っても最後の桁は読み取れまい。

ウィリアム・パウンドストーン
LABYRINTHS OF REASON, 1988

226

8月1日

数学で —— まあ習いたいことなら何でもいいけど ——
最高なのは，ありえないはずのものが，しばしばあるということだ。
つまり……無限に近づこうとするようなものだ。
無限があるのは分かるけれど，どこにあるのかは分からない。
でも絶対近づけないからといって，探す価値がないわけじゃない。

ノートン・ジャスター
THE PHANTOM TOLLBOOTH, 1988

8月2日

チェッカーに話を戻すと，基本法則にあたるのが駒を動かすルールだ。
複雑な状況下で数学を使って，与えられた条件の中で良い手を見つけることはできるだろう。
だがチェッカーの基本法則の，単純な基本的性質の説明に数学は必要ない。
言葉で簡単に説明できるからだ。

リチャード・ファインマン
THE CHARACTER OF PHYSICAL LAW, 1965

8月3日

一般通念に反して，数学は情熱的な学問だ。
数学者は創作意欲に突き動かされる。それは言葉に表せないものだが，
音楽家が曲を，画家が絵を創作する意欲の激しさに劣らない。
そして，数学者も作曲家も画家も，普通の人と同じように，
愛，憎しみ，耽溺，恨み，嫉妬，名誉欲，金銭欲に悩まされるのだ。

テオニ・パパス
MATHEMATICAL SCANDALS, 1997

8月4日

誕生日：ウィリアム・ローワン・ハミルトン（1805年生まれ），ジョン・ベン（1834年生まれ）

　自然が数学的に設計されていると信ずる人は未だにいる。彼らは，物理現象を表した初期の数学理論の多くが不完全だったことは認めるだろうが，改良を続けた理論が，より多くの現象を扱うようになっただけでなく，はるかに精密に観測結果と一致するようになったことも指摘する。だからこそ，アリストテレス力学はニュートン力学に置き換わり，ニュートン力学を相対性理論が改良したのだと。こうした歴史は，設計図が存在して人類が徐々にその真理に近づいていることを，ほのめかしているのではないだろうか？

モーリス・クライン
MATHEMATICS: THE LOSS OF CERTAINTY, 1980

8月5日

誕生日：ニールス・ヘンリック・アーベル（1802年生まれ）

数学は，すばらしい，いかした学問で，
想像力，ファンタジー，創造性に満ちあふれている。
現実世界の些事に妨げられることもなく，
自分の想いの強さの分だけ，いくらでも先に進める。

グレゴリー・チャイティン
"LESS PROOF, MORE TRUTH," NEW SCIENTIST, 2007

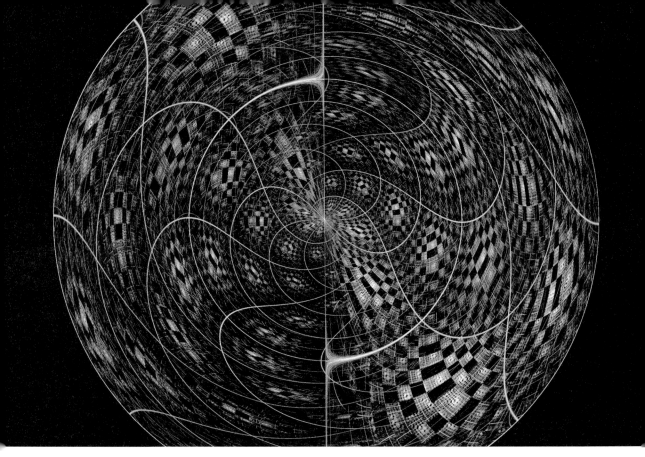

8月6日

論理は一方向に進む。明快さ，整合性，構造化の方向にだ。
多義性は逆向きに進む。変容，開放，自由を目指す。
数学はこの両極を行き来する……
この異なる様相の交互作用が，数学に活力を与えるのだ。

ウィリアム・バイヤーズ
HOW MATHEMATICIANS THINK, 2007

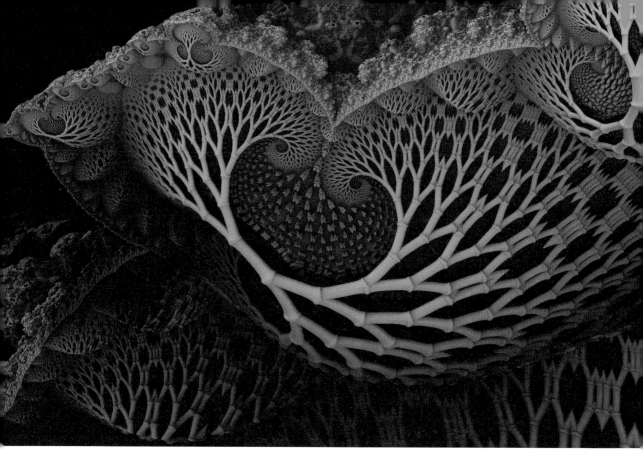

8月7日

そもそも，現に科学が描いている自然の姿はすべて……数学的な描写である。
……私たちが意識する数学的精神と自然が，
同じ法則に従って機能していることは間違いない。

ジェームズ・ホップウッド・ジーンズ
THE MYSTERIOUS UNIVERSE, 1932

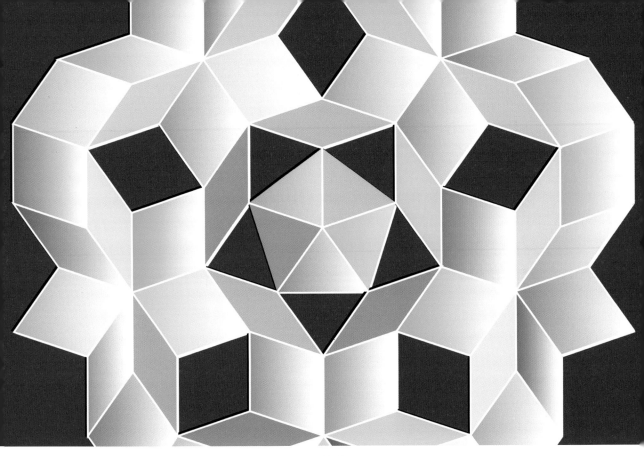

8月8日

誕生日:ロジャー・ペンローズ(1931年生まれ)

宇宙を記述する言語を学び,その文字に精通しなければ,
宇宙を読み解くことはできない。
その言語は数学であり,その文字は三角形や円などの幾何学図形だ。
こうした手段なくして,人は宇宙を一言も理解できない。

ガリレオ・ガリレイ
IL SAGGIATORE (THE ASSAYER), 1623

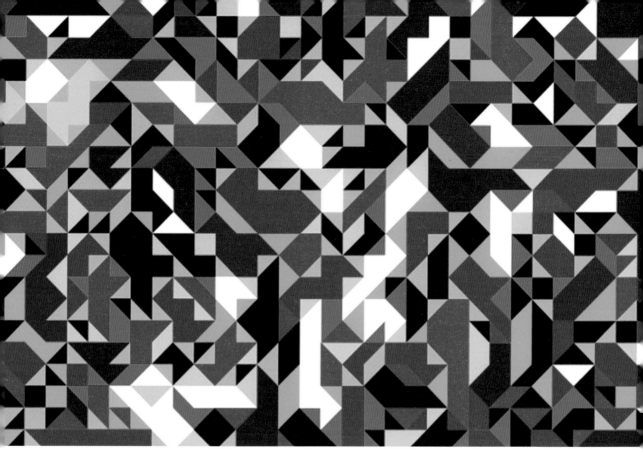

8月9日

フィジカル・レビュー誌に送られてくる論文のほとんどは却下される。
理解不能だからではなく，理解可能だからだ。
通常，理解不能な論文が掲載される。

フリーマン・ダイソン
"INNOVATION IN PHYSICS," SCIENTIFIC AMERICAN, 1958

8月10日

1851年8月10日。(記念館の舞踏会にて)
肌寒い晩で，僕は微積分の世界から，突然ご婦人方の集いに迷い込み，
その落差に呆然とした。一時間ほど，その場になじもうとした後，
自分が追い求めてきた生き方に悪態をつきながら，帰途に就いた。
翌朝にはもう握手を交わしていた。
ただし相手は微積分で，ご婦人方のことは忘れてしまった。

トーマス・アーチャー・ハースト
JOURNAL ENTRY FOR AUGUST 10, 1851

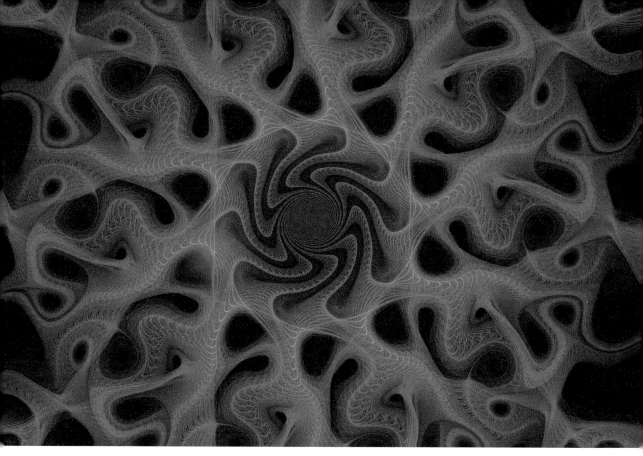

8月11日

微積分学によって，数学の本流はある種の奔放な思考様式をとるようになった。
その思考様式は，明らかに大胆かつ劇的なものであり，
高度に専門的な表現法を多用し，世界のこまごました記述にはほとんど興味を示さない。
これは，生物科学ではなく物理科学を構築してきた様式であり，ニュートン力学，
一般相対性理論，量子力学で数学が収めた成功は，人類の奇跡である。

デビッド・バーリンスキー
A TOUR OF THE CALCULUS, 1997

8月12日

周知のように惑星の数は無限だ。これは単に，惑星が収まる空間が無限にあるからだ。
だがすべての惑星に人が住んでいるわけではない。
したがって人の住む惑星の数は有限だ。
どんな有限の数も無限で割るとゼロに近づいてほとんど無視できる。
よって全惑星の平均人口はゼロだと言える。
このことから全宇宙の人口もゼロになるので，君が時折見かける人間は，
錯乱が生み出した幻覚だということになる。

ダグラス・アダムス
THE RESTAURANT AT THE END OF THE UNIVERSE, 1980

8月13日

数学は音楽などの芸術と同じく，純粋な自意識に到達する手段の一つである。
そして，数学が重要なのは，まさに，それが芸術であるからだ。
数学のおかげで，私たちは精神の本質について知ることができ，
人間の精神によってどれだけのことができるのかを，知ることができるのだ。

J・W・N・サリバン
ASPECTS OF SCIENCE, 1925

8月14日

誕生日：ジャン＝ガストン・ダルブー（1842年生まれ）

神は自然数を作り給うた。残りはすべて人間の作品である。

レオポルド・クロネッカー
ADDRESS AT THE BERLINER NATURFORSCHER-VERSAMMLUNG
(BERLIN NATURALIST MEETING), 1886

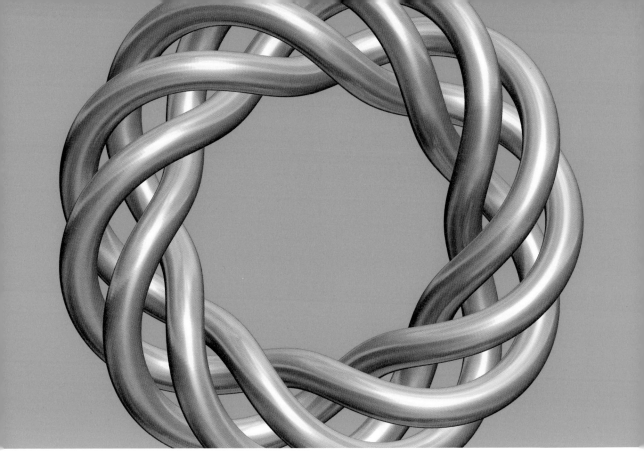

8月15日

ここに堂々巡りの輪がある。
物理法則が複雑系を生み，複雑系が意識を生み，意識が数学を生む。
そして数学は，そもそもの発端となった物理法則を，簡潔かつ鮮やかに解読できるのだ。

ポール・デービス
ARE WE ALONE?, 1995

8月16日

誕生日:アーサー・ケイリー(1821年生まれ)

数学者は,自らの想像力が及ぶ限りまったく自由であり,望み通りの世界を創る。
何を想像するかは自分の気分次第だ。しかし,だからといって,
宇宙の基本法則を見出すわけでも,神の考えが分かるわけでもない。
だが自分の数学観と同じ論理体系に従う実体集合を,経験から見つけることができれば,
外の世界に自分の数学を応用したことになる。
つまり科学の一分野を創り出したことになるのだ。

J・W・N・サリバン
ASPECTS OF SCIENCE, 1925

8月17日

誕生日：ピエール・ド・フェルマー（1601年生まれ）

この世に数学ほど，あらゆる精神機能に調和をもたらす学問はない。
……あるいは，数学は，一歩一歩教程を昇ることで，
意識を持つ知的存在のますますの高みに，精神機能を引き上げるといえるかもしれない。

ジェームズ・ジョセフ・シルベスター
PRESIDENTIAL ADDRESS TO SECTION A OF THE BRITISH ASSOCIATION, 1869

8月18日

　フォーチュン氏は，借りた数学書を20ページほどだろうか，ゆっくり，注意深く，忠実に読み進み，時に立ち止まって自問し，例題を解いた。やがて難易度が増し，より頻繁に立ち止まるべきときになって，しびれるような恍惚感に襲われ，小説のようにむさぼり読み，明け方まで一睡もせずに読了した。こうして気が済むと本を図書館に返し，再び気持ちに火が付くまで数学のことは忘れた。熱狂の後には，少ないとはいえ，何か残るものがあった。心のときめき，孤高で動じることのないものに対する崇敬の念，あるいは思考の正しさに対する，懐かしい精神的な喜びだった。その正しさは，結論へと収束する思考，精密な思考，あたかも無伴奏合唱が最後の和音に向かって奏でる，澄んだ旋律のような思考から得られるものだった。

シルビア・タウンゼンド・ウォーナー
MR. FORTUNE'S MAGGOT, 1927

8月19日

フラクタルに無関心な人はいないようだ。
実際，フラクタル幾何学との遭遇は，美的観点からも科学的観点からも，
まったく新しい体験だったという人が多い。

ブノワ・B・マンデルブロ
（ハインツ・オットー・パイトゲン，ペーター・H・リヒター　THE BEAUTY OF FRACTALS, 1986 から引用）

8月20日

神はさいころ遊びをなさらない。

アルバート・アインシュタイン
LETTER TO MAX BORN, 1926

8月21日

誕生日：オーギュスタン＝ルイ・コーシー（1789年生まれ）

数学者と呼べる者なら誰でも……
ある考えが別の考えと奇跡のように結びつく，覚醒した興奮を味わったことがあり……
この感覚は数時間，時には数日続く。
一度味わうと，また味わいたいと切望するのだが，
思うようにはならず，地道に取り組まざるを得ない。

アンドレ・ヴェイユ
THE APPRENTICESHIP OF A MATHEMATICIAN, 1991

8月22日

数学という道具を用いて，技術者は山にトンネルを掘り，川に橋を架け，水道を通し，
工場を建てる。そして数学は，それらを登場人物として，紡績機の回る音をバックに，
ミュージカルを創り上げる。数学の論理的思考が生み出した成果がなければ，
近代文明に便利さと栄光をもたらしている物質的成果は，ほとんどあり得なかっただろう。

エドワード・ブルックス
MENTAL SCIENCE AND CULTURE, 1891

8月23日

この物語には静かにたたずむ英雄も登場する。
デジタルコンピューターだ。
フラクタルを抽象数学の奥の暗がりからひっぱり出し、
その幾何学的複雑さを天下に知らしめた点で、
コンピューターが最も強力な鉗子として果たした功績に疑問の余地はない。

マンフレッド・シュレーダー
FRACTALS, CHAOS, POWER LAWS, 1989

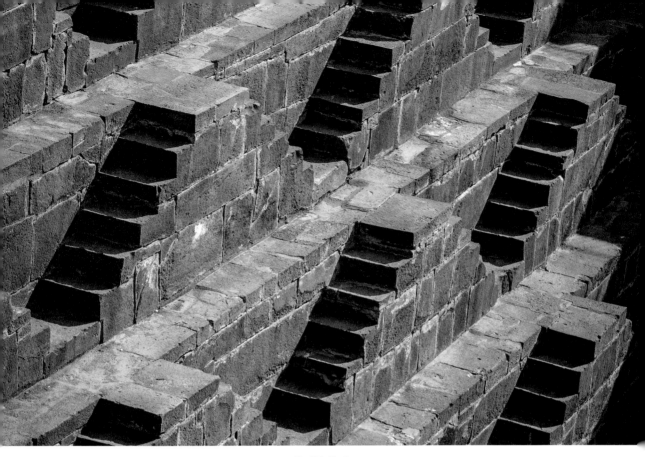

8月24日

連邦所得税法によれば，税額 y は所得額 x に応じて徴収される。
ただしそれぞれの期間や収入金額に応じて，
いくつもの別々の一次関数を継ぎはぎするという，みっともない方法を用いている。
今から5,000年後の考古学者は，私たちの所得税申告書を産業遺産や数学書と一緒に発掘して，
その年代を今より数世紀前，ガリレオやピエタ像より確実に古いものだと判定するだろう。

ヘルマン・ワイル
"THE MATHEMATICAL WAY OF THINKING," SCIENCE, 1940

8月25日

たいていの人は，７つぐらいまでしか数えられないだろう。
論理学と算数の本を読み漁っていたハリーは，
ほとんどの人が瞬間的に認識できる数の上限が７であることを知っていた。
１枚の紙に点が７つあれば，たいていの人は一目見て「７つ」と断言する。
点が８つになると，大半が混乱してしまうのだ。

ジュリア・クイン
WHAT HAPPENS IN LONDON, 2009

8月26日

誕生日：ヨハン・ハインリッヒ・ランベルト（1728年生まれ），エドワード・ウィッテン（1951年生まれ）

ひも理論に用いられた数学は……繊細で洗練されており，
従来，数学が物理理論に果たしてきた役割を，はるかに超えている。
……物理学とは無関係のように見える領域で，
ひも理論は数学に驚くべき成果をもたらした。
多くの人は，ひも理論が正しい道を歩んでいるに違いないと見るだろう。

サー・マイケル・アティヤ
"PULLING THE STRINGS," NATURE, 2005

8月27日

誕生日：ジュゼッペ・ペアノ（1858年生まれ）

科学を知るということには，フラクタルの性質があるに違いない。
どれだけ学んでも何か課題が残り，それがどれだけ些細に見えても，
最初の全体像と同じように限りなく複雑なのだ。
それこそが宇宙の秘密だと思う。

アイザック・アシモフ
I ASIMOV, 1995

8月28日

すべては数。すべては順番。それが生きることの数学的論理だ。
すべてが順当であれば，悲しいことがあっても生きていけるだろう。
嘆いた後，歩き出せばよい。
私たちを本当に打ちのめすのは，幼きものが先に亡くなり，
順番が後先になったときの喪失感なのだ。

エイミー・ベンダー
AN INVISIBLE SIGN OF MY OWN, 2001

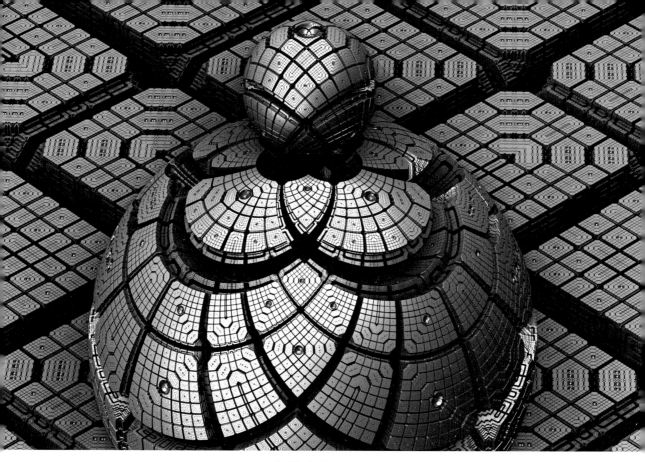

8月29日

言いようのない恐怖が私を襲った。
やがて闇が薄れると，「見える」とは言いがたい，めまいのする視覚の刺激を感じた。
線ではない線，空間ではない空間が見え，自分ではない自分がいる。
自分の苦痛の叫びが耳に届き，声が出るのは分かった。
「おれは狂ったのか，いや地獄に堕ちたのか」。
「どちらでもない」と球状の存在が静かに答えた。
「ものを知るとはこういうこと，これが３次元だ。もう一度目をあけてよく見るがいい」。

エドウィン・A・アボット
FLATLAND, 1884

8月30日

数学は，「何が」という問いに的確に答える枠組みを与える。
計算機科学は，「どのように」という問いに的確に答える枠組みを与える。

ハロルド・エイブルソン, ジェラルド・ジェイ・サスマン, ジュリー・サスマン
PREFACE TO THE FIRST EDITION,
STRUCTURE AND INTERPRETATION OF COMPUTER PROGRAMS, 1996

8月31日

私たちが住む宇宙とその動作原理は，私たちの観測や理解とは独立に存在している。
宇宙の数学的モデルは，私たちの心の中だけにある筆記用具である。
数学は基本的に秩序を記述するための形式であり，
宇宙は(少なくとも私たちが観測できる時空のスケールでは)秩序立っているので，
現実世界が数学的にうまくモデル化できるのは，何ら驚くにあたらない。

キース・バックマン
"THE DANGER OF MATHEMATICAL MODELS," SCIENCE, 2006

9月1日

マンデルブロ集合は，数学にとって単なるおもちゃではない。
ある量が時間と場所によってどのように変化するかを方程式で表した動的システムの，
挙動を探求する方法の一つである。
この方程式は惑星の軌道，液体の熱伝導をはじめ，さまざまな状況を計算する際に現れる。

アイバース・ピーターソン
"BORDERING ON INFINITY: FOCUSING ON THE MANDELBROT SET'S EXTRAORDINARY BOUNDARY",
SCIENCE NEWS, 1991

9月2日

その夢見人は，落ち着いた兵士であり，
代数の手法を幾何学構造に応用し，測量した土地をつなぎ合わせ，
自分のシステムを定数，変数，位置座標で表した。これらのすべては，
等しい大きさの正方形をなす交線で描かれた予定表の時刻通りに行われた。

ドン・デリーロ
RATNER'S STAR, 1976

9月3日

誕生日：ジェームズ・ジョセフ・シルベスター（1814年生まれ）

数学と物理学の世界は，空想の世界と同じく，
触れることや見ることができる世界からはかけ離れている。
それでも，詩人と同じく，数学者にとって，
この純粋な形式の世界には永遠の実体があるのだ。

ヘレン・プロツ
IMAGINATION'S OTHER PLACE, 1955

9月4日

僕は人生を繰り返しの連続だと思うタイプの人間だ。
人生はたくさんの込み入った事情からなっていて,
それらの中には互いに関連するものもあれば, 単独なものもあるが,
そのどれもが, 有限の繰り返しの機能を果たしている。

スティーブン・キング
FOUR PAST MIDNIGHT, 1990

9月5日

退屈な数なんてあり得ない。
仮にあったとしても，退屈な数第1号は，退屈だという点が面白いからだ。

マーティン・ガードナー
FRACTAL MUSIC, HYPERCARDS AND MORE . . . , 1991

9月6日

実際，幾何学は物理学の最も古い分野だといえるかもしれない。
幾何学なしで，私は相対性理論を築くことなどできなかっただろう。

アルバート・アインシュタイン
ADDRESS TITLED "GEOMETRY AND EXPERIENCE" TO THE PRUSSIAN ACADEMY OF SCIENCES, 1921

9月7日

　バグダッドで最も高名だった二人の学者，哲学者のアル＝キンディーと数学者のアル＝フワーリズミーは，インド数字をイスラム世界に伝える上で，確かに最も大きな影響を及ぼした。二人はマアムーンの時代に，それぞれこの数字に関する本を著した。ラテン語に訳されて西洋に伝わったのが彼らの本で，結果として，ヨーロッパ人に十進法を紹介した。中世には，十進法はアラビア数字でのみ知られていた。ところで，それがヨーロッパで広く受け入れられるまでには，何世紀もかかることになる。理由の一つは社会学的なもので，十進数は長年，敵である邪悪なイスラム教徒の象徴だと考えられていたのだ。

ジム・アル＝カリーリ
PATHFINDERS, 2010

9月8日

誕生日：マラン・メルセンヌ（1588年生まれ）

物質的世界は数学的原理によって創造されたとされており，
キリスト教徒は数学的原理が永遠に神と共にあることを知っている。
幾何学は神に天地創造のモデルを与えた。
幾何学は，神の想像を通じて人の内面に伝わったものであり，
決して，人の目を通して受容されたものではない。

ヨハネス・ケプラー
HARMONICE MUNDI (HARMONY OF THE WORLD), 1619

9月9日

読者はここで，数の威力が分かる。
なんの規則にも従っていないように見える対象にも，うまく応用できるのだ。
私たちが知る限り，数学的思考に変換できないものはほとんどない。
うまくいかないとすれば，その対象に関する私たちの知識が乏しく，
混乱していることの証しである。数学的思考が使えるのに他の手段に頼るのは，
ロウソクがあるのに手探りで暗闇の中を探すように愚かなことだ。

ジョン・アーバスノット
OF THE LAWS OF CHANCE, 1692

9月10日

はじめに神は，反対称2階テンソルの4次元発散はゼロであると言われた。
すると光があった。神はそれを良しとされた。

ミチオ・カク
MESSAGE ON T-SHIRT, AS REPORTED BY MICHIO KAKU IN
"PARALLEL UNIVERSES, THE MATRIX, AND SUPERINTELLIGENCE," KURZWEILAI.NET, 2003

9月11日

数学は論理的方法である……数学的命題は意見を示さない。
生活の中で私たちが必要とするのは決して数学的命題ではない。
数学的命題を使うのは，数学に属さない命題から，
やはり数学に属さない命題を推論する場合に限られる。

ルートビヒ・ウィトゲンシュタイン
TRACTATUS LOGICO PHILOSOPHICUS (LOGICAL-PHILOSOPHICAL TREATISE), 1922

9月12日

私たちの精神は有限だが，それでも，このような有限の環境の中でさえ，
私たちは無限の可能性に囲まれている。
人生の目的は，この無限からできる限りのものをつかむことである。

アルフレッド・ノース・ホワイトヘッド
DIALOGUES, 1954

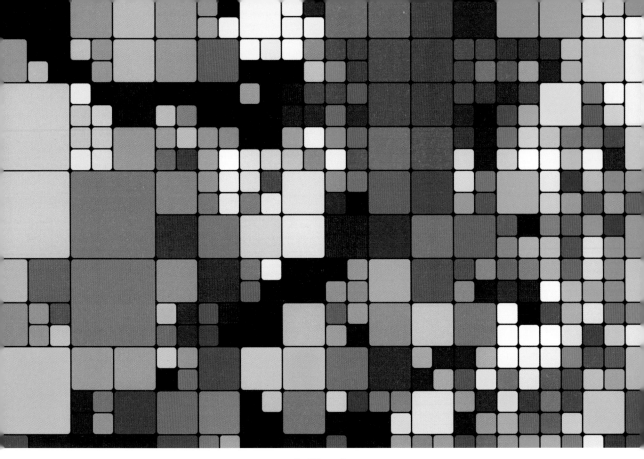

9月13日

素数はすべてのパターンを取り除いたあとに残るものだ。
僕は素数を人生みたいだと思う。
実に論理的だけれど，素数を考えることにすべての時間をつぎ込んでも，
その法則を見つけることはできない。

マーク・ハッドン
THE CURIOUS INCIDENT OF THE DOG IN THE NIGHT-TIME

9月14日

「教えてくれるかな，好きな数は何かね？」
……シバは，呼ばれてもいないのに黒板に駆け寄り，10,213,223と書いた。
「それで，どうしてこの数が面白いのかな？」
「読んだ通りの数字が並んでいる，ただ一つの数なんです。
1つの0，2つの1，3つの2，2つの3」

エイブラハム・バルギーズ
CUTTING FOR STONE, 2010

9月15日

誕生日：ジャン＝ピエール・セーヌ（1926年生まれ）

これらの数学的公式は，独立した存在でそれ自体が知性を持ち，
私たちより賢く，いや，公式の発見者より賢く，
私たちは，当初そこに込められていた以上のものを得ている，と思わざるを得ない。

ハインリヒ・ヘルツ
（E・T・ベル MEN OF MATHEMATICS, 1937から引用）

9月16日

数学と自然が民主主義に従うとは思えない。
とても頭の良い連中が無限の役割を否定したというだけでは，
その総意がどれほど重いものであろうと，
母なる自然のやり方を変えることはできないだろう。
自然は決して間違っていない。

ジャナ・レビン
HOW THE UNIVERSE GOT ITS SPOTS, 2003

9月17日

誕生日：ベルンハルト・リーマン（1826年生まれ）

数学は熟練の職人技で作った挽き臼のようなものかもしれない。
好みの細かさに挽くことはできるが，一方で，何を取り出せるかは何を入れたかによる。
世界一大きな挽き臼でも，エンドウ豆のさやから小麦粉は挽けないように，
何ページにもわたる方程式も，
いい加減なデータから確かな結果を得ることはできないのだ。

トーマス・ヘンリー・ハクスレー
APHORISMS AND REFLECTIONS, 1907

9月18日

誕生日：アンドリアン＝マリー・ルジャンドル（1752年生まれ）

　周知のように，幾何学は，空間の概念だけでなく，空間の構造に関する一番基本となる考えも，あらかじめ与えられたものだという前提に立っている。幾何学は概念を名目的に定義するだけで，それを規定する基本的な意味は，公理という形で表される。前提の関与は闇にとり残されたままだ。前提とのつながりが必要なのか，どの程度必要なのか，あるいは，先験的に前提を立てられるかどうかも分からない。ユークリッドからルジャンドルに至るまで，幾何学について著述のある近代の最も著名な人を挙げたとしても，幾何学に携わってきた数学者も哲学者も，この闇を棚上げしてきたのだ。

ベルンハルト・リーマン
"ON THE HYPOTHESES WHICH LIE AT THE FOUNDATION OF GEOMETRY," 1854

9月19日

私は，息子たちが数学と哲学を学ぶ自由を得るときのために，
政治と戦争を学ばねばならない。
息子たちは，自分の子どもたちに
絵画，詩，音楽，建築，彫刻，織物，陶芸を学ぶ権利を与えるために，
数学，哲学，地理，自然史，造船術，航海術，商業，農業を学ばねばならない。

ジョン・アダムス
LETTER TO ABIGAIL ADAMS, 1780

9月20日

10^{50} は無限には程遠い。

ダニエル・シャンクス
SOLVED AND UNSOLVED PROBLEMS IN NUMBER THEORY, 2002

9月21日

物理学は，大きな飛躍の局面を迎えるたびに，
新しいツールや概念を数学から導入することを求めるとともに，
しばしば数学に導入のきっかけを与えてきた。
今日の，極めて高い精度と汎用性を持つ物理法則に関する私たちの理解は，
数学用語をもってのみ可能なのだ。

サー・マイケル・アティヤ
"PULLING THE STRINGS," NATURE, 2005

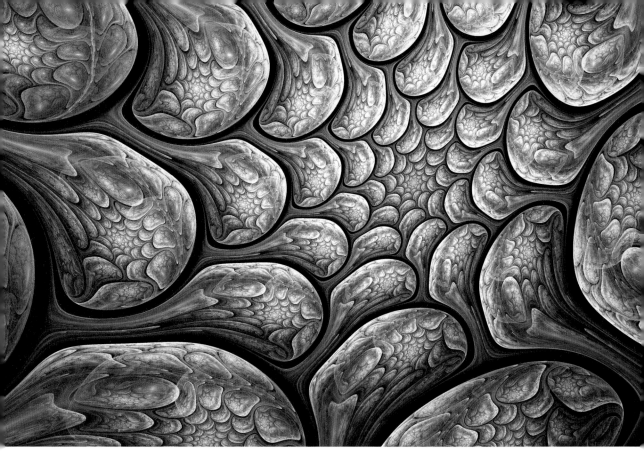

９月２２日

　「綿花の価格を考えよう」とマルカムは言った。「綿花の価格の正確な記録が１００年以上前から残っている。綿花の価格変動を調べてみると、１日の価格変動のグラフは基本的に１週間のグラフに似ているし、１週間のグラフは基本的に１年間の、あるいは１０年間のグラフに似ている。……１日は一生のようなものだ。何かをやり始めても、最後には別のことをしている。計画を立てても、決して達成することができない。……そして人生の終わりを迎えるとき、人生全体は、同じことの繰り返しだと気づくだろう。一生のパターンは、１日のパターンと同じだ」

マイクル・クライトン
JURASSIC PARK, 1990

9月23日

私たちは，人間どうしで依存し合っているだけでなく，
ほかの動植物にも依存しています。
自然のすべてのものは，
あるものがほかのものに価値をもたらす法則によって結びついているのです。

マイケル・ファラデー
THE CHEMICAL HISTORY OF A CANDLE, 1861

9月24日

誕生日：ジロラモ・カルダーノ（1501年生まれ）

科学と芸術は，腕と胴体のように密接に結びついていることが，やがて分かるだろう。
どちらも秩序とその発見に必須の要素である。「art（芸術）」という言葉は，
インド・ヨーロッパ語族の「ar」に起源を持ち，
つなげること，あるいは一つに組み合わせることを表す。
この意味で，物事がなぜ，どのように組み合わされているかを調べる科学は，芸術となる。
一方芸術を，時の試練に耐えて行動し，作り，応用し，描く能力として見れば，
芸術と科学の結びつきは一層はっきりする。

スベン・カールソン
SCIENCE NEWS, 1987

9月25日

科学の根底には，世界の基本的秩序は数学形式で表現できるはずだ
という信念が横たわっている。この信念があまりに強いので，科学の分野は，
数学の型にはめないと十分に理解できない，と思われているのだ。

ポール・デービス
THE MIND OF GOD, 1992

9月26日

この世界では，読み書きができないと恥ずかしいのに，
数学をまったく知らなくても社会的に許されるという現実に，
科学者が文句をつけるのも無理はないと思う。

ジェニファー・ウーレット
THE CALCULUS DIARIES, 2010

9月27日

　大数の法則に対するもう一つの誤解は，何かが最近起きたからもう起きない，あるいは起きていないから起きる，というものだ。一定の確率を持つ事象の勝ち目が最近の状況によって左右されるという考え方を「ギャンブラーの錯誤」と呼ぶ。例えばケリッヒのコイントスで，最初の100回のうち44回が表だったからといって，コインがその後，挽回のために表を多く出そうとしたりはしない。「彼女は運を使い果たした」とか「彼は運が向いてきた」という考えの根底にこの錯誤がある。そんなことは起こらない。こう言うのもなんだが，幸運が続くと悪いことが起きるわけでも，また残念ながら，悪いことが続いたから良いことが起きるわけでもないのだ。

レナード・ムロディナウ
THE DRUNKARD'S WALK, 2008

9月28日

　4次元からやって来たこの図は……あり得る環境と存在に対する幅広い視点を私たちにもたらすかもしれない。一方，そのような可能性の概念では，どのような直通路を通っても，神に近づけないことを教えるかもしれない。数学は，惑星の大きさと重さを測り，その構成材料を見つけ，水の動きから光と熱を取り出し，物質的宇宙を支配することを助けるかもしれない。だが仮にこのような手段で火星に立てるとか，木星や土星の住人と会話ができたとしても，神の座に近づいたことにはならない。このような新体験が私たちの謙虚さ，事実への敬意，秩序と調和への共感，新たな知見と古い真理から導かれる斬新な推論に目を開く心を育むまでは。

エドウィン・A・アボット
THE SPIRIT ON THE WATERS, 1897

9月29日

弾丸が誰かに当たるとは思えなかった。
当たったとしても，どうすることもできない。
これはたまたまの死だ。個人としての死ではなく，純然たる統計的確率による死，
掃射によって死ぬ確率の計算結果による死である。
自分だって，いつやられるか分からない。
数学！　数学だ！　代数だ！　幾何だ！

ジェームズ・ジョーンズ
THE THIN RED LINE, 1998

9月30日

数学者の様式は，画家や詩人の様式と同様，美しくあらねばならない。
数学者のアイデアは，画家の色，詩人の言葉のように，
調和して一つにまとまらねばならない。
美が最初の関門である。
この世に醜い数学が安住できる場所はない。

G・H・ハーディ
A MATHEMATICIAN'S APOLOGY, 1941

10月1日

私の束の間の人生が，過去から未来まで果てしなく続く永遠に呑み込まれ，
私が見て触れることのできるささやかな空間が，
私が知らぬ，私を知らぬ，果てしない無限の空間に取り込まれることを考えると，
恐怖と驚愕に襲われる。

ブレーズ・パスカル
PENSÉES (THOUGHTS), 1669

１０月２日

この地球外からのメッセージは，何らかの数学的な暗号に違いない。
きっと数字の暗号だ。数学は宇宙の他の知的生命形態と，
もしかして共有できる唯一の言語だ。
僕の知る限り，数学的実体ほど僕たちの認識から独立していて，
それ自体が正しい実体はない。

ドン・デリーロ
RATNER'S STAR, 1976

10月3日

どんな犠牲を払っても実体にこだわるべきだと思う人もいるだろう。
それは精神的な目標としては良いかもしれないが，
実用面では必ずしも最善とは限らない。
ギリシャ人は幾何学において実体より観念を選び，抽象的な線と形を考察することで，
実社会における現実の線や形を研究した場合より，
はるかに多くが得られることを実証した。抽象化によって到達できる深い理解は，
知識を獲得する過程では無視したまさにその実体に対して，
極めて有効に適用できたのである。

アイザック・アシモフ
UNDERSTANDING PHYSICS, 1993

10月4日

数学が解き明かし輝かせる観念の世界，数学がもたらす神の美と秩序の思索，
数学の各部分が織りなす調和，数学がかかわる真理の無限の階層と絶対的な証拠，
そうしたものが，人間が名付けたいわゆる数学というものの，
揺るぎない根幹をなしている。これらは，宇宙の設計図が足元に地図のように広げられ，
人間の精神が創造の全体構想を一目で見る権利を得る限り，
これからも，おとしめられることも損なわれることもない。

ジェームズ・ジョセフ・シルベスター
PRESIDENTIAL ADDRESS TO SECTION A OF THE BRITISH ASSOCIATION, 1869

10月5日

星間通信ができるほどの知性を持つ存在なら，数学を知っているはずだ。
……その高等数学，論理，原子構造の表し方は，
私たちのものと根本的に違うかもしれないが。

ウォルター・サリバン
WE ARE NOT ALONE, 1994

10月6日

誕生日：リヒャルト・デデキント（1831年生まれ），ロバート・フェラン・ラングランズ（1936年生まれ）

外から見ると数学は一つの大きな塊に見えるだろう。
だが，実際には多彩な分野が集まった巨大な学問だ。代数，数論，解析，幾何，などなど。
数学の世界の中にいると，それぞれが離ればなれの大陸のように見える。
しかしラングランズ・プログラムが各分野を結びつけ，そうすることによって，
数学の一体性がある程度見えるようになった。
私たちの知らない表面下を垣間見ることができるのだ。

エドワード・フレンケル
"A WORLD REVEALED" (INTERVIEW), NEW SCIENTIST, 2013

10月7日

137.03……は物理学最大の謎の一つだ。
人知を超えた魔法数である。「神の手」が書いた数字で,
「神がどのように鉛筆を動かしたのかは分からない」と言ってもよい。

リチャード・ファインマン
QED, 1985

10月8日

私が数学を好きなのは，技術的に応用できるだけでなく，そもそも美しいからだ。
そして，人類が数学に遊びの精神を吹き込んだからであり，
数学は人類に，無限に挑むという最高のゲームを与えてくれたからである。

ロザ・ペーター
PLAYING WITH INFINITY, 1957

10月9日

私は恐怖と戦慄を覚え，
微分を持たないという悲惨な疫病にかかったこの関数から目を背ける。

シャルル・エルミート
IN A LETTER TO THOMAS STIELTJES, 1893

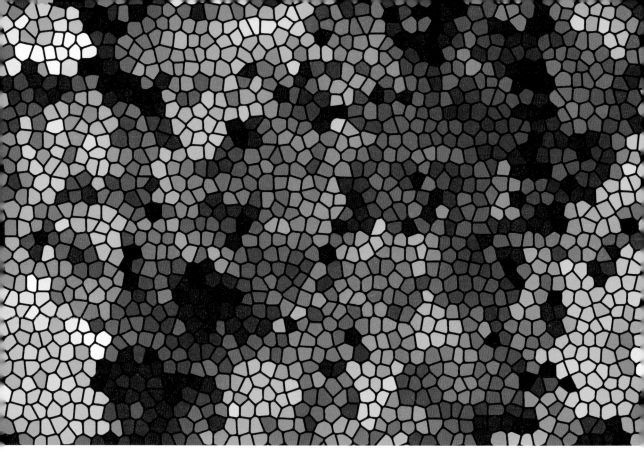

10月10日

私たちに知能の限界を感じさせるのは数学だけだ。
実験の場合は,たまたまデータが足りずに結果が説明できない状況が,普段から想定できる。
数学ではデータがそろっているのに説明できないことが起きる。
そのたびに人間は無力だという想いに引き戻されるのだ。
精神力は私たちの意思にかかっているが,
数学における乳白色の霧のような見通しの悪さは, 私たちの知能に起因するのである。

シモーヌ・ヴェイユ
NOTEBOOKS, 1956

10月11日

私は仕事でずっと，真理と美を結びつけてきた。
どちらかを選ばざるを得ない場合は，たいてい美を選んだ。

ヘルマン・ワイル
（フリーマン・ダイソン　WEYL'S OBITUARY IN NATURE, 1956から引用）

10月12日

ほんのわずかな法則があって，矛盾を起こさず，
私たちのような複雑な存在につながっているのかもしれない。
……そして法則の候補がたった一組あるとすれば，それはたった一組の方程式だ。
その方程式に命を吹き込み，方程式が治めるべき宇宙を作ったのは，
いったい何だろう？　究極の統一理論は自らを生み出すほど強力なものだろうか？

スティーブン・ホーキング
BLACK HOLES AND BABY UNIVERSES, 1994

10月13日

数学者は生涯のうちに多くの定理を証明するが，定理に証明者の名前を付ける過程は
実に適当である。例えばオイラー，ガウス，フェルマーはそれぞれ数百の定理を証明し，
その多くは重要なものだが，彼らの名を冠した定理はわずかしかない。
間違った名前が付く場合もある。おそらく誰もが知っているように，
フェルマー自身が「フェルマーの最終定理」を証明していないのはほぼ確実だ。
彼が教科書の余白に書いた予想に，彼の死後，誰かが付けた名前なのだ。
ピタゴラスの定理に至っては，ピタゴラスが現れるずっと前から知られていた。

キース・デブリン
"NAMING THEOREMS," THE MATHEMATICAL ASSOCIATION OF AMERICA, 2005

10月14日

多くの人にとって数学とは定理を集めたものだが，
私にとって数学とは事例を集めたものだ。
定理とは事例の集積に対する見解であり，
定理を証明する目的は，事例を分類し説明することなのだ。

ジョン・B・コンウェイ
SUBNORMAL OPERATORS, 1981

10月15日

楽譜を読むだけで，頭の中に音楽を響かせられる人がいる。
……心の眼で，ある種の数学関数の偉大な美と構造を見ることができる人もいる。
……私のような凡人の場合は，演奏される音楽を聴く必要があり，
書かれた数字を見て構造を理解する必要がある。

ピーター・B・シュローダー
"PLOTTING THE MANDELBROT SET," BYTE, 1986

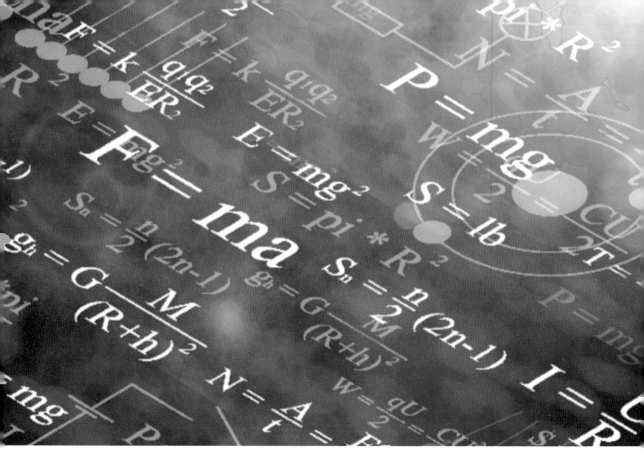

10月16日

よく言うのだが，今話していることを測ることができて，数字で表せば，
何かが分かったことになる。
だが数字で表せなければ，その知識は貧弱で不十分なものとなる。
知識の始まりにはなるかもしれないが，それがどんな問題であれ，
その思考は科学の段階に達しているとは言いがたい。

ウィリアム・トムソン
LECTURE ON ELECTRICAL UNITS OF MEASUREMENT, 1883

10月17日

物理法則に反する原子の振る舞いなら実際の空間内に挙げられるだろうが、
幾何学的法則に反するものを挙げることはできない。

ルートビヒ・ウィトゲンシュタイン
TRACTATUS LOGICO PHILOSOPHICUS (LOGICAL-PHILOSOPHICAL TREATISE), 1922

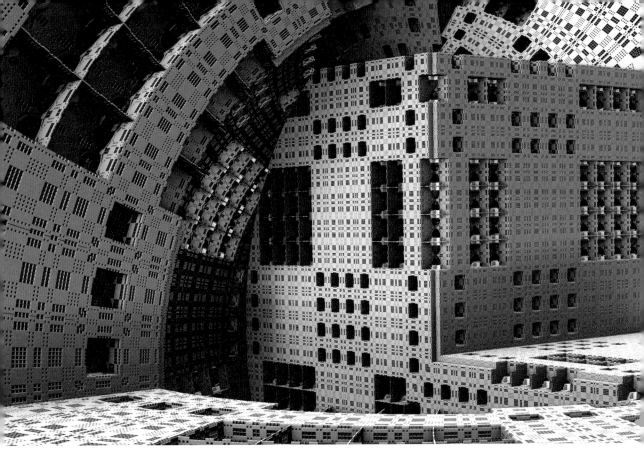

10月18日

人生を4次元に捧げている人なら，4次元を想像できるかもしれない。

ジュール＝アンリ・ポアンカレ
"SPACE AND GEOMETRY," 1895

10月19日

「木の高さを確かめるには，木のてっぺんと，自分のかかととの間に
確実に垂直になるように立てた，物差しか傘のような真っすぐなものの頭が，
ぴったり重なって見える位置に寝そべる必要がある。
ここで，木の高さと棒の長さの比は，私の目から木までの距離と私の身長の比に等しい，
ということを知っていて，私の身長，棒の長さ，私の目から木の根本までの距離を
知っていれば（あるいは測ることができば），それゆえ，木の高さを計算できる」
「傘って，なんですか？」

シルビア・タウンゼンド・ウォーナー
MR. FORTUNE'S MAGGOT, 1927

306

10月20日

幾何学は唯一無二にして永遠であり，神の御心の中で輝いている。
人に幾何学が分け与えられてきたのは，
人が神を模して造られたという根拠の一つである。

ヨハネス・ケプラー
"CONVERSATION WITH THE SIDEREAL MESSENGER," 1610

10月21日

誕生日：マーティン・ガードナー（1914年生まれ）

純粋数学者は科学者というよりは芸術家である。
単に世界を測るようなことはしない。
実用性などいっさい気にせず，複雑で面白いパターンを発明するのだ。

アラン・ワッツ
BEYOND THEOLOGY, 1964

10月22日

人の行動は，無数の人の意志から生まれ，途切れることがない。
この連続的な行動の法則を知るのが歴史の目的である。
観察に無限小の単位（歴史の微分，すなわち個々人の動向）を用い，
それらを積分する（すなわち無限小の総和を得る）技能を獲得することによってのみ，
歴史的法則に迫る望みが手に入るのだ。

レフ・ニコラエビチ・トルストイ
WAR AND PEACE, 1869

10月23日

私が考えるに，数学的実在は私たちの外にあり，
それを発見，観察するのが私たちの仕事であって，
私たちが証明した定理で，厚かましくも私たちが創造したと公言しているものは，
単なる観察記録にすぎない。

G・H・ハーディ
A MATHEMATICIAN'S APOLOGY, 1941

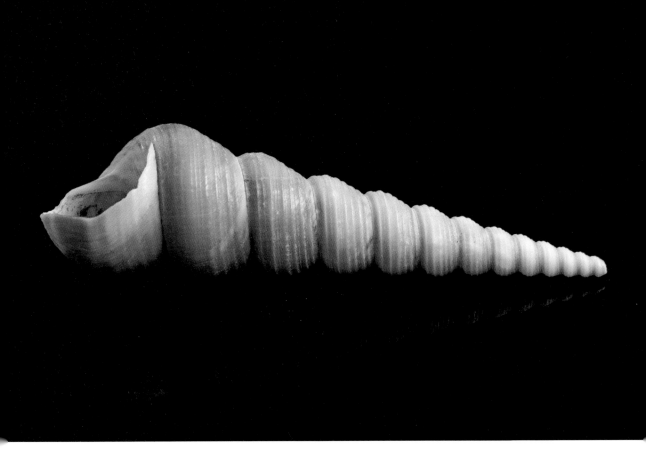

10月24日

細胞と生体組織，殻と骨，葉と花は，膨大な物質でできている。
物質は物理法則に従うので，その分子が動き，型にはまり，同じ形ができる。
これらは，神が形を定めるのに常々用いている法則の例外ではない。
形の問題はそもそも数学の問題であり，
それが成長する問題は基本的に物理学の問題である。
それゆえ形態学者は物理科学の学徒なのである。

ダーシー・ウェントワース・トンプソン
ON GROWTH AND FORM, 1917

10月25日

誕生日：エバリスト・ガロア（1811年生まれ）

数学の真髄はその自由さにある。

ゲオルク・カントール
"ÜBER UNENDLICHE, LINEARE PUNKTMANNICHFALTIGKEITEN"
("ABOUT INFINITE, LINEAR MANIFOLDS OF POINTS"), MATHEMATISCHE ANNALEN, 1883

10月26日

誕生日：フェルディナンド・ゲオルク・フロベニウス（1849年生まれ），
チャーン・シンシェン（陳省身）（1911年生まれ）

数学を，巨大なジグソーパズルを組み立てる大プロジェクトに例えてみよう。
別々のグループの人々が別々の部分に取り組んでいる。
やがて，時折誰かが二つの部分を橋渡しするピースを見つけて，部分が一緒になり，
パズルの大きな固まりがつながるのだ。

エドワード・フレンケル
"A WORLD REVEALED" (INTERVIEW), NEW SCIENTIST, 2013

10月27日

しかし，偉大で独創的な画家たちが，あまりに稚拙な表現を見て，
それを描いた者どもの無知を嘲笑するのも無理はない。
どれほど十分な注意と努力が払われたにせよ，
技術的知識を欠いて描かれた絵ほど見苦しいものはないからだ。
ところで，この種の絵描きが自分の過ちに気づかないただ一つの理由は，
幾何学を学んでいないことである。幾何学を知らずには，
完全無欠な画家たることも，なることもできない。
だがこの非難は，自身が幾何学を知らぬ，彼らの師匠に向けられるべきものだ。

アルブレヒト・デューラー
THE ART OF MEASUREMENT, 1525

10月28日

神はすべての定理と最高の証明が載った無数のページからなる本を持っておられる。
この本の存在を信じないのなら，神を信じる必要はまったくない。

ポール・エルデシュ
（ブルース・シェクター　MY BRAIN IS OPEN, 1998 から引用）

10月29日

幾何学的に要点を証明して重要な真理を示した者は誰でも，
世界中から信頼されるだろう。私たちはその世界に捕らわれているからだ。

アルブレヒト・デューラー
VIER BÜCHER VON MENSCHLICHER PROPORTION (FOUR BOOKS ON HUMAN PROPORTION), 1528

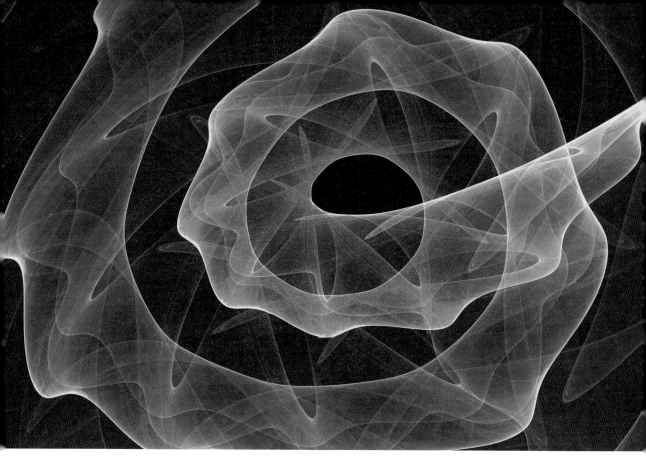

10月30日

誕生日：ウィリアム・サーストン（1946年生まれ）

4次元以上の幾何学の研究から得られる最大の利点は，
偉大な科学である幾何学の真の理解である。
だが平面幾何学と立体幾何学はその始まりにすぎない。
4次元の幾何学は3次元のそれよりはるかに広大である。
より高次の幾何学は，低次の幾何学より広大になるのだ。

ヘンリー・パーカー・マニング
GEOMETRY OF FOUR DIMENSIONS, 1914

10月31日

誕生日：カール・ワイエルシュトラス（1815年生まれ）

多くの場合，数学は現実からの逃避だ。
数学者は外界と隔絶したところで，自らの隠遁の場所と幸せを見つける。
数学を麻薬代わりに試す者もいる。チェスも似た働きをすることがある。
この世の不幸に囲まれる中で，ある種の自己満足に浸る者がいる
（それだけのために数学に没頭する者もいるのだ）。

スタニスラフ・ウラム
ADVENTURES OF A MATHEMATICIAN, 1976

11月1日

外界は存在する。
外界の構造は秩序立っている。
だが秩序の性質はほとんど分からず,
なぜ秩序がなければならないかは,まったく分からない。

マーティン・ガードナー
ORDER AND SURPRISE, 1950

11月2日

誕生日：ジョージ・ブール（1815年生まれ）

何か悪いことが起きそうになると，意識するかどうかは別にして目をつぶるという，楽天家的方法とでも呼べる態度がある。例えば，代数や解析幾何学の問題を扱う楽天家が，いったん立ち止まって自分のしていることを反省するとしたらこう言うだろう。「私にゼロで割る権利がないのは分かっている。だが自分が割ろうとしている数式には除数が他にいくらでもある。だから，今回は，悪魔が分母にゼロを投げ込むことはない，と思うことにしている」

マクシム・ボッチャー
"THE FUNDAMENTAL CONCEPTIONS AND METHODS OF MATHEMATICS,"
BULLETIN OF THE AMERICAN MATHEMATICAL SOCIETY, 1904

11月3日

こうして彼は円を一周して元に戻ってしまった。
円というよりは，むしろ楕円や螺旋だったかもしれないが，
決して真っすぐにつながった線ではなかった。
直線というものは幾何学の中だけにあり，自然や人生の中には存在しないからだ。

ヘルマン・ヘッセ
Das Glasperlenspiel (The Glass Bead Game), 1943

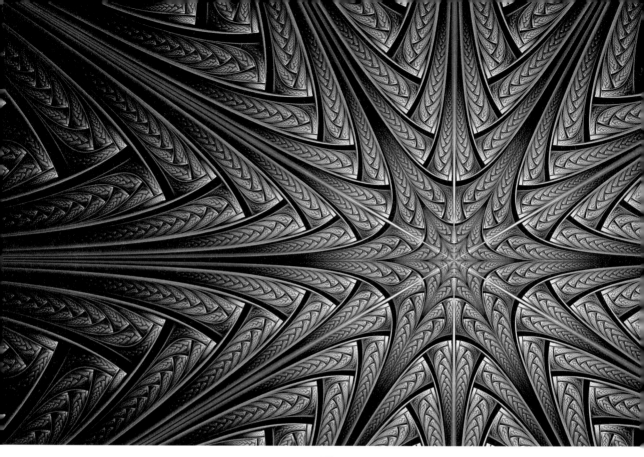

11月4日

微分積分学を簡単にする必要はない。もう十分に簡単だからだ。
ただし完璧な記憶力があれば習得できるという科目ではない。
むしろ，学生はできるだけ少ない公式だけを覚えて，
いかなる状況でも正しい攻め方を考え出すことに慣れる必要がある。

G・M・ピーターソン，R・F・グレイサー
DIFFERENTIAL AND INTEGRAL CALCULUS, 1961

11月5日

　数学は現実に深く根差した人間の営みであり，常に現実に立ち返るものだと言ってもよい。月面着陸からグーグルに至るまで，指折り数えてみると，私たちは物事を理解し，創造し，処理するために数学を使っている。この理解はおそらく，数学に付随する抽象化が発する不明瞭なつぶやきに対する理解というよりは，数学に対する理解だろう。実際，数学者は多かれ少なかれ，人類史に影響を与えてきた。アルキメデスはシラクサ防衛を助け（王も救い），アラン・マシソン・チューリングは暗号を解読してロンメル将軍のベルリン侵攻を防ぎ，ジョン・フォン・ノイマンは効率的爆撃戦術として高高度爆発を提案したのである。

ユーリ・I・マニン
"MATHEMATICAL KNOWLEDGE: INTERNAL, SOCIAL, AND CULTURAL ASPECTS,"
MATHEMATICS AS METAPHOR: SELECTED ESSAYS, 2007

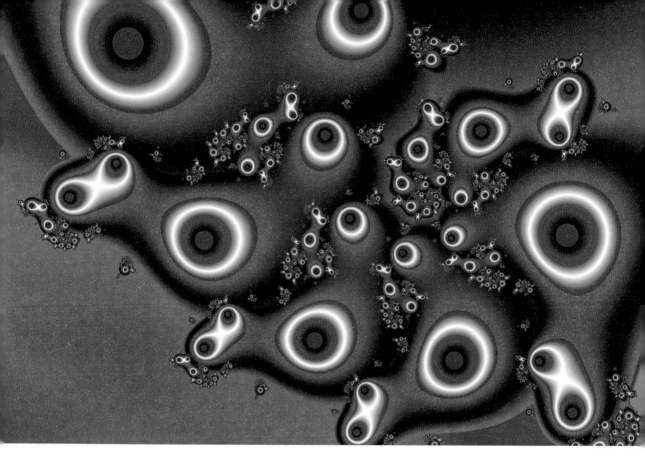

11月6日

　確率は宇宙に満ちている。そう考えれば，人生を野球に例えるありふれたジョークにも価値がある。連勝連敗を統計的に正しく理解すれば，認識論と人生一般について重要な教訓が得られるのだ。波乱に満ちた世界の中で，途切れることのない連続性が求められる種の歴史やあらゆる自然現象は，連続安打を放っているようなものである。すべては，限られた賭け金で無限の資金を持つ胴元相手に挑むギャンブラーのゲームだ。ギャンブラーはいずれ破産する運命にある。彼にできるのは，その場にできるだけ長く留まり，そこにいる間の楽しみを見つけ，もし分別があるのなら，名誉ある撤退を考えることだ。

スティーブン・ジェイ・グールド
"THE STREAK OF STREAKS," THE NEW YORK REVIEW OF BOOKS, 1988

11月7日

メタファーを好むシュタインハウスはよく,
「幸運は円を回る(繰り返す)」というポーランドのことわざを引用して,
でたらめさと運の両分野を扱う確率論と統計学に,
なぜπ ―― 円と密接に関係している―― が出没し続けるかを,
説明してくれたものだった。

マーク・カッツ
ENIGMAS OF CHANCE, 1987

11月8日

誕生日：ゴットロープ・フレーゲ（1848年生まれ），フェリックス・ハウスドルフ（1868年生まれ）

フラクタル幾何学はあらゆるものの見方を変える。
これ以上読み進めるのは危険だ。
子どものころに見た雲，森，花，銀河，葉，羽根，岩，山，急流，絨毯，レンガ，
その他の多くを失う恐れがある。
こうしたものの解釈が，以前とまったく同じになることは，決してないだろう。

マイケル・F・バーンズリー
FRACTALS EVERYWHERE, 2000

11月9日

誕生日：ヘルマン・ワイル（1885年生まれ）

ヘテロティック弦理論では……
右手型のボソン（伝達粒子）がループを反時計回りに回り，
その振動は縮んだ22次元に潜り込む。ボソンは時間を含む26次元に存在する。
そのうち6次元が縮んだ「現実」の次元，4次元が通常の時空間で，
残りの16次元が内部空間と見なされている。
つじつまを合わせた数学的構造物だ。

マーティン・ガードナー
THE NEW AMBIDEXTROUS UNIVERSE, 1990

11月10日

形式的な結論と計算が複雑につながった数学的真理を押し付けられるのは,
あまり面白いものではない。
それぞれのつながりを, やみくもにたどり, 一つひとつ, 手探りで進むような感じになる。
最初に知りたいのは目的と道筋の概要だ。
証明の考え方, すなわち背後の文脈を理解したいのである。

ヘルマン・ワイル
UNTERRICHTSBLÄTTER FÜR MATHEMATIK UND NATURWISSENSCHAFTEN
(INSTRUCTION SHEETS FOR MATH AND SCIENCE), 1932

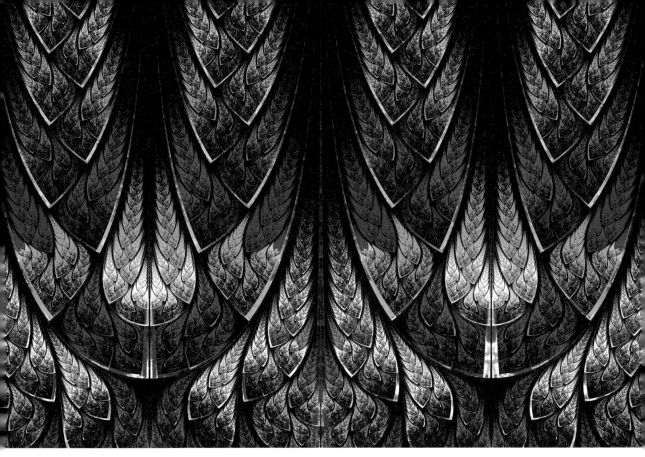

11月11日

大勢の学者が，自然の基本法則はなぜかくも都合よく方程式で記述できるのか，
という謎に悩んできた。なぜ，これほど多くの法則が絶対的な正しさをもって表され，
明らかに無関係に見える二つの量（方程式の右辺と左辺）が
完全に等しくなるのだろうか？
そもそも，なぜ基本法則が存在するのかさえはっきりしないのだ。

グレアム・ファーメロ
FOREWORD TO HIS BOOK IT MUST BE BEAUTIFUL, 2003

11月12日

数字はそれでもアストリッドを喜ばせた。
これが数字の素晴らしい点だ。
2足す2が4であることを，何一つ疑わずに信じられる。
そして，数学はこれまでも，これからも，思想や希望をとがめることはない。

マイケル・グラント
FEAR, 2013

11月13日

ユークリッドの世が続いているが，改革の必要性に疑問の余地はないだろう。
私の考える役立つコースとは，算数から始めて，ユークリッドではなく代数に進む。
次に，ユークリッドではなく実用的幾何学を学ぶ。
……そして，ユークリッドではなく，初等ベクトルを代数と組み合わせ，幾何学に応用する。
……ユークリッドはホメロスのように，学者のための特別教養講座にすればよい。
子どもにユークリッドを教えるのは不適切だ。

オリバー・ヘビサイド
ELECTRO-MAGNETIC THEORY, 1893

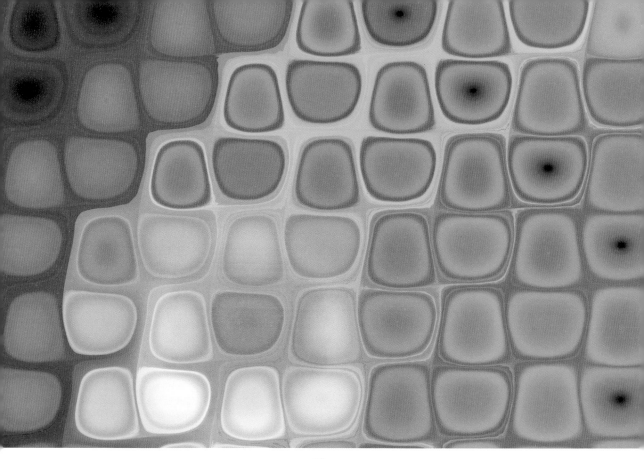

11月14日

　素数は1と自分自身でしか割り切れない。無限に続く自然数の中で，素数は他の数と同じように，身じろぎもせず両隣の数に挟まれているが，他の数よりは一歩前に出ている。素数は疑い深く孤独な数で，マッティアが素数を素敵だと思う理由はそこだった。素数は何かの間違いでその列に入ってしまい，ネックレスの真珠の一粒のように列に並ばされているのだ，と思うこともあった。ある時には，素数もまわりと同じごく普通の数でいたかったのに，何か訳があってできなかったのだ，と思うこともあった。2番目の考えが浮かぶのはたいてい夜で，眠りに落ちる前にとりとめのないイメージが頭を駆け巡り，自分を繕うには疲れすぎているときだった。

パオロ・ジョルダーノ
THE SOLITUDE OF PRIME NUMBERS, 2008

11月15日

科学の詩情は，ある意味で偉大な方程式や等式に宿る。
これらの数式はまた，何層にもなっている。
だが各層は意味を表わさず，特性と結果を表わす。
数式が自然の作用にまったく影響を与えない宇宙を想像しても，なんの差し支えもない。
それでも，数式が影響を与えているという驚くべき事実は変わらない。

グレアム・ファーメロ
IT MUST BE BEAUTIFUL, 2003

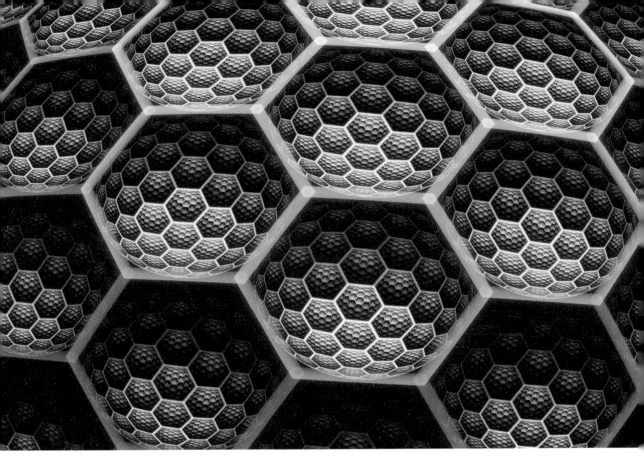

11月16日

誕生日：ジャン・ル・ロン・ダランベール（1717年生まれ）

つまり諸君，整数論なくして幾何学なく，幾何学なくして力学はないのである。
……諸君の心を幾何学の形式と証明，
整数論の理論と計算で十分鍛えなければ成功はおぼつかない。
……要するに，比例の理論は工業を教えるために，
代数学は最も高等な数学を教えるためにあるのだ。

ジャン＝ビクトル・ポンスレ
L'OUVERTURE DU COURS DE MÉCANIQUE INDUSTRIELLE DE METZ
(INTRODUCTION TO THE COURSE IN INDUSTRIAL MECHANICS), 1827

11月17日

誕生日：アウグスト・フェルディナンド・メビウス（1790年生まれ）

昔から，幾何学は優れた論理学だ，といわれてきた。
ただし，以下のことを満たしている必要がある。
定義が明確であること。仮定を退けず，公理も否定しないこと。
明快な思考と図形の比較により，不変で確固たる因果関係に基づいて
図形の性質を引き出すとき，目的を見失わず，注意を怠らないこと。
厳密で，正確で，整然とした推論の習慣が身についていること。
この習慣は精神を鍛え，研ぎ澄まし，他の分野に展開されて，真理の探究に広く使われる。

ジョージ・バークリー
THE ANALYST, 1898

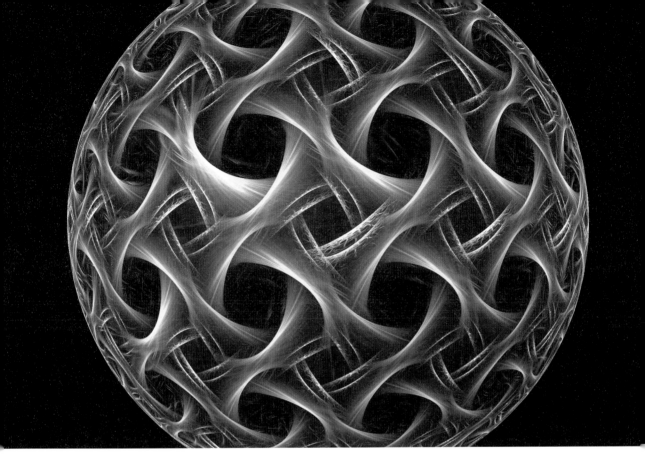

11月18日

学生にとって初等数学で，球面幾何学ほど忌まわしいものはないだろう。

ピーター・ガスリー・テイト
"QUATERNIONS," ENCYCLOPAEDIA BRITANNICA, 1911

11月19日

　幾何学は，ひたすら物理学に従うべきものだが，両者が一緒になる場合には幾何学が物理学に指示することもある。調べたいと思っている問題で，解析的な比較にかけるのに使えるあらゆる要素が複雑すぎる場合，私たちはより不都合な要素を分離して，扱いやすいが実体から離れた別のもので代用する。そうして懸命に努力したにもかかわらず，自然に反する結果が出て驚くのだ。まるで自然をあざむいて，自然を切り刻むかねじ曲げた後，単に機械的に組み合わせれば，自然を取り戻せると思うようなものではないか。

ジャン・ル・ロン・ダランベール
ESSAI D'UNE NOUVELLE THÉORIE DE LA RÉSISTANCE DES FLUIDS
(ESSAY ON A NEW THEORY OF FLUID RESISTANCE), 1752

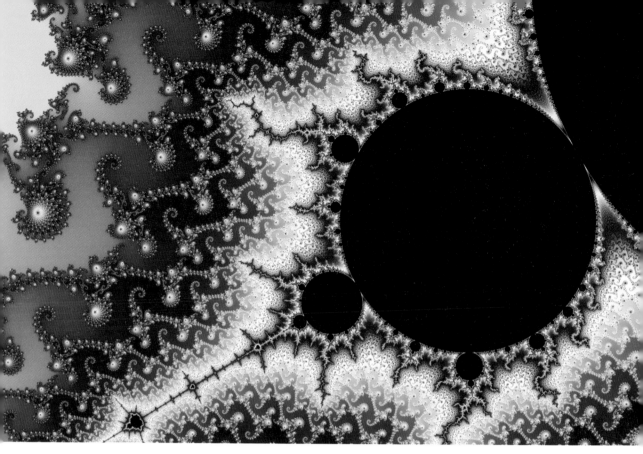

11月20日

誕生日：ブノワ・B・マンデルブロ（1924年生まれ）

マンデルブロ集合は，私たちの心の一部を占めるだけでなく，
独自の実体を持っているように見える。
……コンピューターは，実験物理学者が物理的世界の構造を探るときの実験装置と，
基本的に同じように使われる。
マンデルブロ集合は人間の心が生み出した発明ではない。発見なのだ。
マンデルブロ集合は，エベレストのように，まさしく存在するのである。

ロジャー・ペンローズ
THE EMPEROR'S NEW MIND, 1999

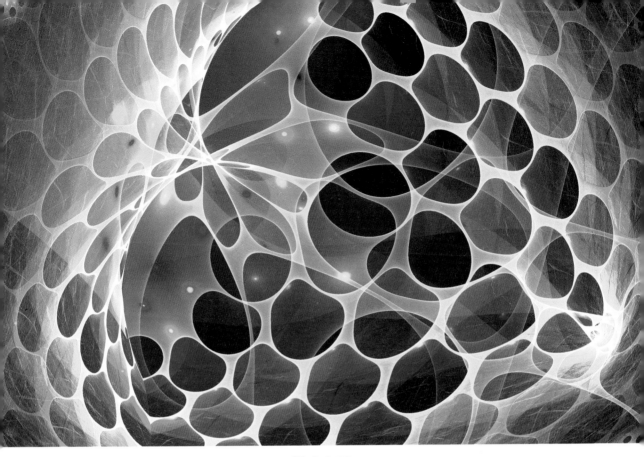

11月21日

人間の精神が宇宙を理解できるとすれば，
人間の精神は基本的に神の御心と同じ秩序に基づいていることになる。
人間の精神が神の御心と同じ秩序を持つのであれば，
宇宙を創るときに神が合理的だと感じたもの，つまり幾何学は，
人知にも合理的だと感じられるはずだ。
したがって私たちが必死に求め考えれば，
あらゆることに対する合理的な説明と理解が得られる。
これが科学の基本的な前提である。

ロバート・ズブリン
THE CASE FOR MARS, 2011

11月22日

素数がどのように振る舞うかは分かったが，
なぜそうなるかは説明できなかった。
だが整数のジャングルを切り開いて進み，
時に，優秀な探検家たちが見落としていた驚異を見つけるのは喜びだった。

アーサー・C・クラーク
THE CITY AND THE STARS, 1956

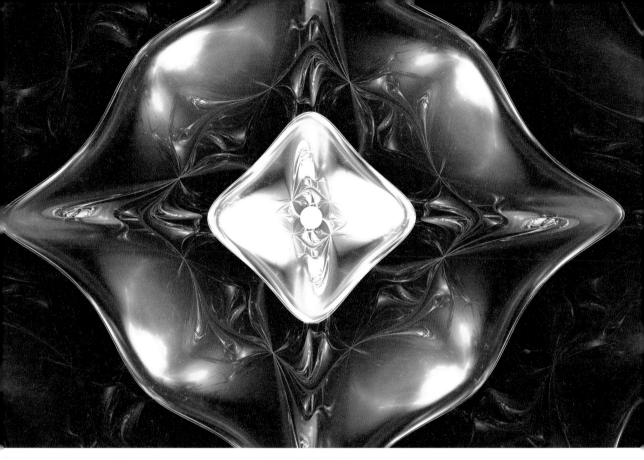

11月23日

誕生日：ジョン・ウォリス（1616年生まれ）

無限の研究は，底の浅い学問的な遊びの域をはるかに超えている。
絶対無限の知的な追求は，神に対する魂の問いである。
ゴールに到達しようとしまいと，追求過程の気づきが悟りをもたらすのだ。

ルディ・ラッカー
INFINITY AND THE MIND, 1982

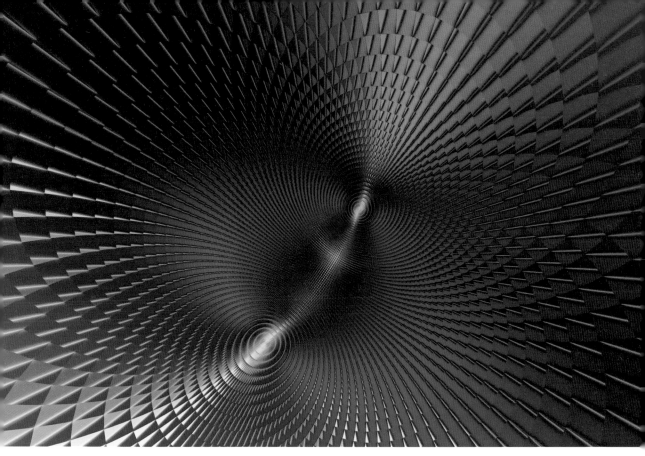

11月24日

私は実証主義的立場をとる。
物理理論は単なる数学モデルにすぎず，
現実に一致するかどうかを問うのは無意味だと考えるのだ。
問うことができるのは，予測は観測と一致するはずだ，ということだけである。
……私に興味があるのは，理論が測定結果を予測し得るかどうかだけだ。

スティーブン・ホーキング
THE NATURE OF SPACE AND TIME, 1996

11月25日

音楽と数学は共に，観念上の「食欲」ともいえる欲求を満たした。
それは，知的であり，美的であり，感情的であり，肉体的でもあった。

エドワード・ロススタイン
EMBLEMS OF MIND, 1995

11月26日

誕生日：ノーバート・ウィーナー（1894年生まれ）

コンピューターは，
数理物理学の方程式を解くという意味で，
そして予言の道具として，
明日起こることを今日告げるという意味で，
未来を現在に出現させて時間を崩壊させる。

フィリップ・J・デービス，ルーベン・ハーシュ
DESCARTES' DREAM, 1986

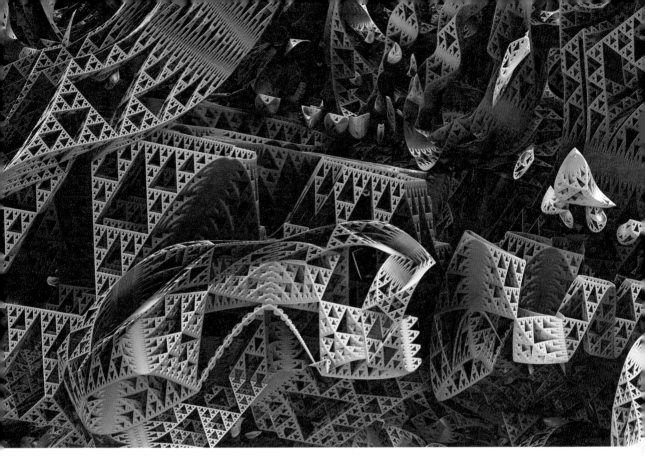

11月27日

実際，他の幾何学体系も考えられるが，
それらも結局のところ，空間そのものではなく，空間測定の方法である。
空間は一つしかないのに，私たちはさまざまな多様体を想像してしまう。
多様体は空間を定めるために考案された，工夫もしくは架空の構築物にすぎないのだ。

ポール・ケーラス
"FOUNDATIONS OF MATHEMATICS," SCIENCE, 1903

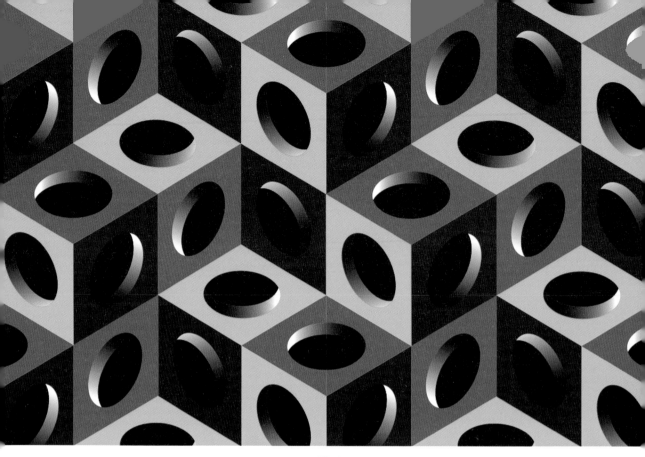

11月28日

運次第のゲームの考察から始まった科学が，
知の対象として最も重要なものとなったのは，特筆すべきことである。
……人生の重要問題は，多くの場合確率の問題にすぎないのだ。

ピエール＝シモン・ラプラス
THÉORIE ANALYTIQUE DES PROBABILITÉS (ANALYTICAL THEORY OF PROBABILITY), 1812

11月29日

隙間なく配置された完全な六角形。
ミツバチにとっては切っても切れないものだが，
昆虫はどうやって正確な六角形を作る幾何学を知るのだろう？
実は何も知らないのだ。ミツバチは吸った蜜を，
身体を回しながら周りに吐き出すようにプログラムされていて，蜜で円筒が形成される。
同じ平面上にたくさんのミツバチを置くと，吐いた蜜で形成される円筒は，
隣同士が接触して六角形に変形する。
偶然だが，ものを詰め込むのに最も効率的な形になるのである。

ピーター・ワッツ
BLINDSIGHT, 2008

11月30日

コンピューターグラフィックスの手法は，
数学の多くの問題を解決する上で重大な役割を果たしてきた。
新しい極小曲面がコンピューターグラフィックスの助けを借りて発見され，
反復写像の画像表現（フラクタル画像として広く知られている）により，
解析的手法だけでは決して気づけなかったパターンが可視化されている。

リン・スティーン
"THE SCIENCE OF PATTERNS," SCIENCE, 1988

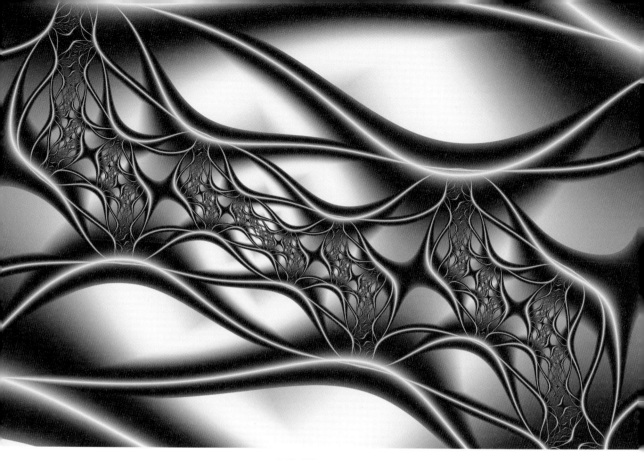

12月1日

誕生日：ニコライ・ロバチェフスキー（1792年生まれ）

デカルトの解析幾何学と，
ニュートンとライプニッツの微分積分学は，
哲学史上最も大胆な試みであるロバチェフスキー，
リーマン，ガウス，シルベスターの，驚くべき数学手法へと発展した。
実際，数学は科学に不可欠であり，常識を打ち破って華麗に羽ばたき，
かつて示しえなかった至高の純粋理性を実証しているのである。

ニコラス・マレイ・バトラー
"WHAT KNOWLEDGE IS OF MOST WORTH?," 1895

12月2日

小麦色の肌をした若い女性たちが，不規則にビーチを埋め尽くしている光景を思い浮かべる。
気象衛星がそのうちの一人の身体を拡大して撮影し，
もう一度元の倍率に戻して撮影したとしよう。
2枚の写真を見比べれば，湾曲したビーチも一人の女性のように見えるだろう。
日光浴をする女性の微粒子が作り出したフラクタル画像だ。
たくさんのビーチを一つに圧縮すれば，女性の陸地，女性の大陸，女性の惑星，
女性の銀河ができるだろう。男性にとっては何とも聞き捨てならない話だ。

ボニー・ジョー・キャンベル
AMERICAN SALVAGE, 2009

12月3日

幾何学は，初めて心がときめいた授業だったのを思い出す。
事実を覚える代わりに，明確で論理的な筋道を考えるよう求められた。
2，3の自明な公理から始めて，はるかかなたの結論が導き出される。
私はたちまち，定理の証明というスポーツの虜となった。

スティーブン・チュー
NOBEL LECTURES: PHYSICS 1996-2000, 2002

12月4日

ある日崖の上を散歩していると，
例によって，あっさり，唐突に，直感的な確信を伴って，その考えが頭に浮かんだ。
不定3元2次形式の数学的変換は，
非ユークリッド幾何学の変換と同じものなのだ。

ジュール＝アンリ・ポアンカレ
SCIENCE AND METHOD, 1908

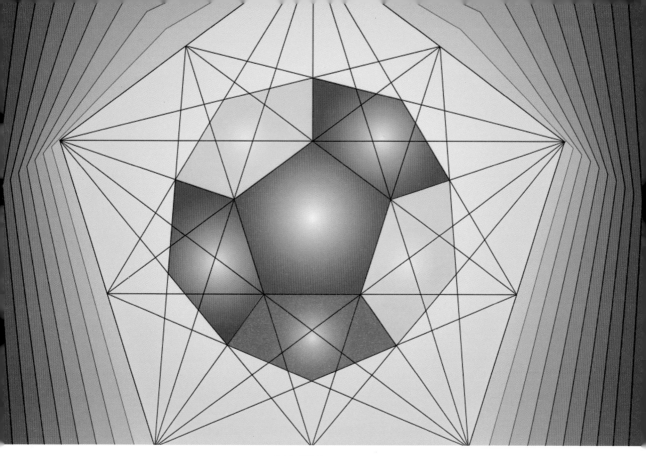

12月5日

「数字のことを何も知らないのか?」「だって大事じゃないもん」とマイロは言い返しました。
「大事じゃないだと!」とドデカヘドロンはさけびました。怒って顔が真っ赤になっています。
「2という数字がなければ名曲『二人でお茶を』はなかっただろうし,
3という数字がなければ『三匹の盲目ネズミ』もなかっただろう。
4という数字がなかったら大地の四隅はなくなってしまうかもしれない。
……なあ,数字はこの世界で一番きれいで大切なものなんだ。おいで,見せてあげよう」
ドデカヘドロンは,かかとでくるりと向きを変えると,
洞穴の中に,おおまたで入って行きました。

ノートン・ジャスター
THE PHANTOM TOLLBOOTH, 1988

１２月６日

仮に自然の法則がチェスのルールのように有限だとしても，
科学は限りなく豊かな，やりがいのあるゲームだといえないだろうか？

ジョン・ホーガン
"THE NEW CHALLENGES," SCIENTIFIC AMERICAN, 1992

12月7日

幾何学はすべての絵画に必須の基本であるから，
私は，絵画に情熱を持つすべての若者に，その基礎と原理を教えることを決心した。

アルブレヒト・デューラー
THE ART OF MEASUREMENT, 1525

12月8日

誕生日：ジャック・サロモン・アダマール（1865年生まれ），ジュリア・ロビンソン（1919年生まれ）

人間の思考にはギガプレックスの可能性がある
（ギガプレックスとは，1のあとに10億個のゼロをつけた数のこと）。

ルディ・ラッカー
THE FIVE LEVELS OF MATHEMATICAL REALITY, 1987

12月9日

幾何学には明らかに不完全な点がある。
それが，解析幾何学へ移行した点は別にして，
この科学がユークリッドの時代からまったく進歩できないと私が考える理由だ。
この不完全さゆえに，幾何学的量の基本的な概念，
その量を測ったものを表す様式や方法，そして平行線の理論における重大な欠陥，
といった曖昧さを埋めるべく，数学者が行ってきたすべての努力は，
今のところ無駄になっていると考える。

ニコライ・ロバチェフスキー
GEOMETRIC RESEARCHES ON THE THEORY OF PARALLELS, 1840

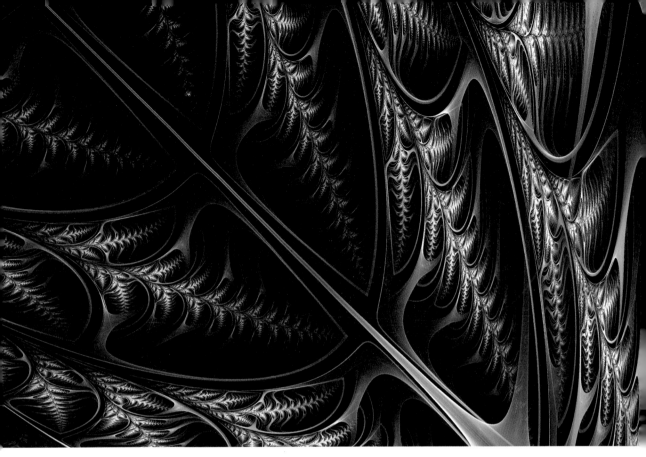

12月10日

誕生日:カール・ヤコビ(1804年生まれ)

アリとその半流動性分泌物は,
あのパターン・パターン・パターンが基本要素であることを教えてくれる。
物質界のこの生き物が神の理想郷の完全な動作模型を明かすことによって。

ドン・デリーロ
RATNER'S STAR, 1976

12月11日

あらゆる測定と計算における幾何学の目的は，
偉大な幾何学者（ユークリッド）の計画の正確さを確かめ，
物質としての形のベールをはぎ，背後にある思想を明らかにすることである。
研究が成功し，惜しみない天上の霊感が私たちの人間性を高め，
歓喜に満ちた私たちを，いわば神の知性の高みに引き上げるとき，
どれほど速やかかつ徹底的に，私たちの誇りと虚栄心が崩れ去り，
神の無限なる心の栄光を垣間見て，わが身を卑下することだろう。

ベンジャミン・パース
"MATHEMATICAL INVESTIGATION OF THE FRACTIONS WHICH OCCUR IN PHYLLOTAXIS,"
INDIANA SCHOOL JOURNAL, 1856

12月12日

信じがたいほど小さな存在と，信じがたいほど大きな存在が，ついに出会う。
まるで巨大な環と，その結び目のように。
私は，どうにかすれば手に取れるかのように，空を見上げた。
宇宙，無数の世界，夜に拡がる神の銀のタペストリー。
その瞬間，無限の謎に対する答えが分かった。私は人間の限られた次元で考えていたのだ。
……創造の圧倒的な荘厳さには，何か意味があったはずだ。
であれば私にも意味があったのだ。そう，最も小さなものよりさらに小さい私にも，
なんらかの意味があった。神にゼロは存在しない。私はまだ存在している。

スコット・キャリー
A CHARACTER IN THE INCREDIBLE SHRINKING MAN, 1957

12月13日

誕生日：ジョルジ・ポリア（1887年生まれ）

統計学は科学の召使いとして仕え，飢饉とペスト，無知と犯罪，
疫病と死といった闇の問題に，次々と光を当ててきた。

ジェームズ・A・ガーフィールド
"THE AMERICAN CENSUS," JOURNAL OF SOCIAL SCIENCE:
CONTAINING THE TRANSACTIONS OF THE AMERICAN ASSOCIATION, 1870

12月14日

たいした理由もなく，数学者としての潜在能力に疑問を抱いている人を，よく見かける。
そういう人はまず，幾何学から何かを得たかどうかを考えれば，能力の有無が分かる。
数学の他の分野が嫌いだったり苦手だったりしても構わない。
他の分野は，スタートラインに着くまでに多くの練習と退屈な作業が必要だし，
教え方が悪ければ，生まれながらの数学者でも，理解できなくなるからだ。

ジョン・E・リトルウッド
A MATHEMATICIAN'S MISCELLANY, 1953

12月15日

πは，整数の有限級数からなる方程式の解にはならない。
方程式が数の平原を進む列車だとすると，どの列車もπ駅には停まらない。

リチャード・プレストン
"THE MOUNTAINS OF PI," THE NEW YORKER, 1992

12月16日

真理というものは，名称を肯定命題の中で
正しい順に並べることであるということを考えると，
厳密な真理を求める者は，自分の用いる名称が，それぞれ何を表しているかを記憶し，
それに従って配置する必要がある。さもなければ，鳥モチにかかった鳥が，
もがけばもがくほどモチにくっつくように，言葉に絡まってしまうだろう。
したがって幾何学，つまり神が人間に喜んで与えた唯一の科学においても，
まず言葉の意味をはっきりさせなければならない。
これを「定義」と称し，考察の冒頭に掲げるのである。

トマス・ホッブズ
LEVIATHAN (PART 1), 1651

12月17日

誕生日：ソーフス・リー（1842年生まれ）

　ギリシャ人は空間を，極めて簡潔で確実な科学の対象とした。そこから古代人の心に育ったの
は，純粋科学の概念だった。幾何学は，知性の王国における最も強力な表現手段の一つとなり，
当時の思想を刺激した。時代が下って，教会による知性の弾圧が中世を通して続き，そして終焉
すると，疑惑の波が襲い，何よりも不変に見えたもの，すなわち岩に張り付くように幾何学にし
がみついていた真理を，ことごとく洗い流した。すべての科学者にとって，自分の科学を「より幾
何学的」にするのが究極の目標となったのである。

ヘルマン・ワイル
SPACE, TIME, MATTER, 1922

12月18日

私たちの理性は，自然淘汰によって外界の条件に適応してきた。
理性は人間にとって最も役に立つ，つまり最も都合の良い学問として
幾何学を採用したのである。
幾何学とは，真理ではなく，役に立つものなのだ。

ジュール＝アンリ・ポアンカレ
SCIENCE AND HYPOTHESIS, 1902

12月19日

何千年もの間，人類が思い浮かべることができたのは，
お互いが直角をなす3次元だけだった。
私たちにはまだ描き表せないが，なんらかの形でこの3次元と直角をなすような，
あるいは，私たちの視界を超えたところに共存する，
そんな4次元は存在しないのだろうか？　4次元の世界で赤外線を放っている物体は，
私たちのすぐそば，いや，まさにこのホールにあっても，
私たちには見えず，私たちは気づきもしないかもしれない。

ドナルド・ワンドレイ
THE BLINDING SHADOWS, 1934

12月20日

偶然の一致は，たいていの場合，
確率論の教育を受けていない学者にとって大きな障害となる，つまずきの石だ。
確率論というのは，人類が最高の研究課題に対して最高の論証をする際に
拠り所とする理論のことだ。

エドガー・アラン・ポー
"THE MURDERS IN THE RUE MORGUE," 1841

12月21日

宇宙が突然凍って，あらゆる運動が止まったとしたら，
宇宙の構造の中に，何の規則にも従わずに存在しているものは見出せないだろう。
分かりやすい幾何学的パターンなら，例えば，銀河の渦から雪の六角形の結晶に至るまで，
いくらでも見つかるだろう。時計を動かすとそれらの一つひとつは，
時に驚くほど簡潔な方程式で表される法則に従って，規則正しく動き出す。
だが，なぜそうなるのかは，論理的にも先験的にも分からない。

マーティン・ガードナー
ORDER AND SURPRISE, 1983

12月22日

誕生日：シュリニバーサ・ラマヌジャン（1887年生まれ）

私はかつてパトニーに，病床のラマヌジャンを見舞ったことを覚えている。
私が乗ったタクシーのナンバーは1729だった。
特に特徴のある数だとは思えず，凶兆でないことを願うと言った。
「いや」とラマヌジャンは答えた。
「1729はとても面白い数だ。
二つの立方数の和として，2通りの方法で表すことができる，最小の数だから」

G·H·ハーディ
"THE INDIAN MATHEMATICIAN RAMANUJAN,"
THE AMERICAN MATHEMATICAL MONTHLY, 1937

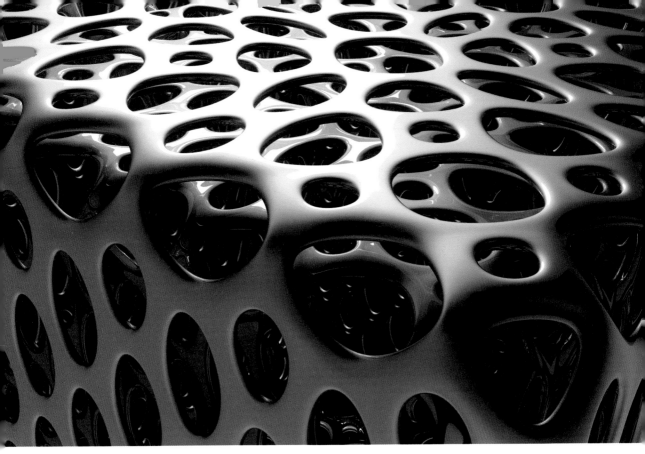

12月23日

この講義で4次元の幾何学を多用せざるを得なかったのは残念だ。
だが弁解はしない。
自然の最も基本的な様相が4次元である事実に，私はなんの責任もないからだ。
事実は事実である。

アルフレッド・ノース・ホワイトヘッド
THE CONCEPT OF NATURE, 1920

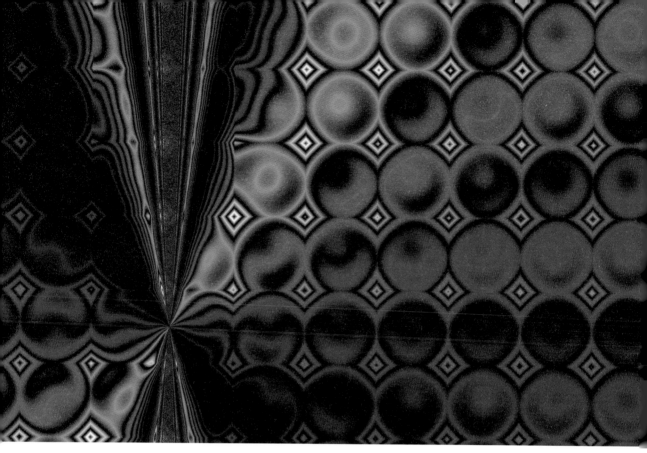

12月24日

誕生日：シャルル・エルミート（1822年生まれ）

数あれば美あり。

プロクロス
（モリス・クライン　MATHEMATICAL THOUGHT FROM ANCIENT TO MODERN TIMES, 1990 から引用）

12月25日

誕生日：アイザック・ニュートン（1642年生まれ）

物理学を数学が支配することは危険である。
数学的な完璧さを具現化するための思考の王国に誘われて，
物理的実在からかけ離れるか，無縁となる恐れさえあるからだ。
この，目がくらむような高みにあっても，
私たちはプラトンとイマヌエル・カントを悩ませた深遠な問いをよく考えなければならない。
実在とは何か？　私たちの心の中にあって，数学公式で表されるものなのか，
あるいは心の外にあるのか？

サー・マイケル・アティヤ
"PULLING THE STRINGS," NATURE, 2005

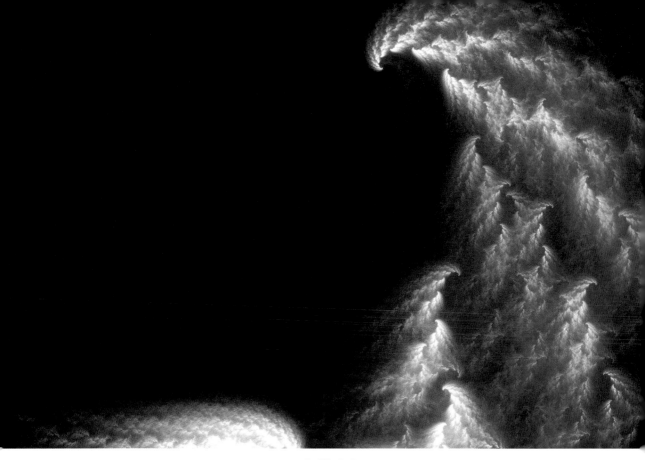

12月26日

誕生日：ジョン・ホートン・コンウェイ（1937年生まれ）

生命の本質は，統計的に起こり得ないことが，途方もない規模で起きることにある。

リチャード・ドーキンス
THE BLIND WATCHMAKER, 1986

12月27日

誕生日：ヤコブ・ベルヌーイ（1654年生まれ）

私たちは，微分積分学が発見された当時のような，思考がなにものにも邪魔されず
平坦な道に沿って進めることができた時代に，生きているのではない。
またある意味，射影幾何学の発展により，長年進歩を阻んできた障害物が
突然取り除かれ，研究者の群れが処女地になだれ込んだような時代に，
生きているわけでもない。道は踏み固められており，もはやぶらつくことはできないのだ。
切れ味鋭い武器を携えた冒険家だけが，原生林に踏み込めるだろう。

ハインリッヒ・ブルクハルト
"MATHEMATISCHES UND WISSENSCHAFTLICHES DENKEN"
("MATHEMATICAL AND SCIENTIFIC THINKING"), C. 1914

12月28日

誕生日：ジョン・フォン・ノイマン（1903年生まれ）

かつて，数学の分野はすべて切り離され，
代数学，幾何学，整数論はお互いに離れて，よそよそしい態度を取り，
お互いに口をきくこともまれだった。しかし今や，その状況は終わりを告げた。
皆が手を携え，ますます親密の度を増し，多くの新鮮な結びつきが生まれている。
数学が一つの心を持つ一つの身体となるのを，大いに期待できるかもしれない。

ジェームズ・ジョセフ・シルベスター
PRESIDENTIAL ADDRESS TO SECTION A OF THE BRITISH ASSOCIATION, 1869

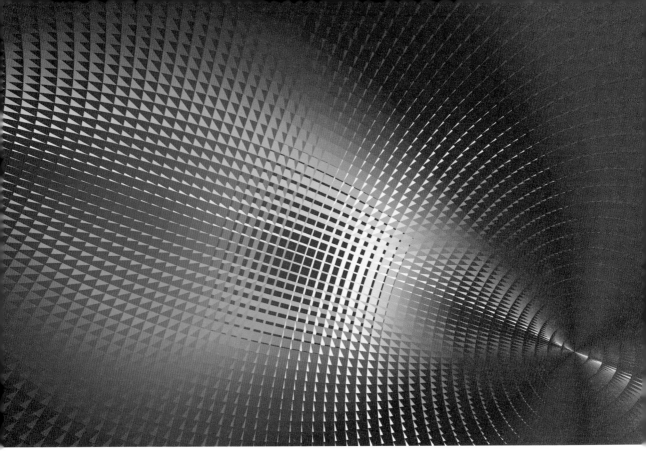

12月29日

極限値の理論は，現代数学と，
そして必然的に，あらゆる現代科学技術が拠り所とするものだが，
実は，聖書に描かれているような実在の見方を世俗化したものである。
数学においても聖書においても，人間による実体の把握は，
私たちが実体を表すのに使う表象に近づきこそすれ，
決して同一にはならないとみられている。

フォード・ルイス・バトルズ
SOME RUMINATIONS, 1978

12月30日

もし幾何学が実験科学だったとしたら，幾何学は厳密な科学にはならず，
常に改訂の対象となっていただろう。言い換えれば，
幾何学の公理（算術の公理のことではない）は定義が変装したものにすぎない。
すると，ユークリッド幾何学は正しいか，という疑問が生ずる。この疑問は無意味だ。
あるいは，メートル法は正しく，以前の計量法は間違っているとか，
デカルト座標は正しく，極座標は間違いだと問う人がいるかもしれない。
だが，ある幾何学が他の幾何学より正しい，ということはあり得ない。
使いやすいということならあるかもしれないが。

ジュール＝アンリ・ポアンカレ
"NON-EUCLIDEAN GEOMETRIES," 1891

12月31日

誕生日：カール・ルートビヒ・ジーゲル（1896年生まれ）

数学の尽きせぬ魅力の一つは，
難解なパラドックスが，やがて美しい理論として花開くことである。

フィリップ・J・デービス
"NUMBER," SCIENTIFIC AMERICAN, 1964

数学者小伝について

　以下に掲げた小伝は，本文で「誕生日」に取り上げた数学者たちです。物好きと思われるかもしれませんが，数学者が挑んだ先端領域に光を当て，時にその研究に関する方程式を載せました。スペースの関係で，原則として方程式の説明は省いていますが，この小伝を他の本やウェブサイトへの足掛かりにしていただければ幸いです。何人かの数学者については，膨大な著書から1，2点を選んでタイトルを載せました。数学者の名前にちなんだ数学的業績，例，トピックスも列挙しています。

　これらの記述は極めて短く断片的で，多くのことを省いたことをおわびします。繰り返しになりますが，これは純粋に簡潔さを狙ったものです。それでも公式や仮説の多くが読者の好奇心を刺激し，トピックスをさらに深く追求するきっかけになればと思います。特に，面白く興味深いものを多く取り上げて，読者の関心をひくことに努めました。これらは私自身も個人的に関心を寄せているもので，以下に列挙すると，ミンコフスキーの疑問符関数（フラクタル状の滑りやすい悪魔の階段），ケイリーのネズミ捕り，ポリアの壺，毛の生えたボールの定理，ゲーデルのスリングショット，アーノルドの猫写像，二年生の夢，スメイルの馬蹄型，グロタンディークの謎の関手，コワレフスカヤのコマ，などがあります。

　また下記に示すように，専門的な数学者ではありませんが，大衆数学作家のマーティン・ガードナーも含めました。『数学ゲーム』の著者であるガードナーは，他の誰にもまして，多くの数学を多くの人々にもたらしました。アメリカ数学会誌Noticeの副編集長であるアリン・ジャクソンは，ガードナーのことを「人々に数学の美と魅力を気づかせ，多くの人を刺激して数学をライフワークにさせた」と述べています。実際，数学の重要な概念のいくつかは，他の出版物に現れる前に，ガードナーの著作によって世間の注目を集めたのです。

アーサー・ケイリー（1821 ～ 1895）　イギリス

　著書『行列理論紀要（A Memoir on the Theory of Matrices）』。ケイリー・ハミルトンの定理，射影幾何学，群論，ケイリー数，ケイリーグラフ，1, 1, 2, 6, 15, 84, 330, 1812, 9978, 65503, ……に関するケイリーのネズミ捕り。

アイザック・ニュートン（1642 ～ 1727） イギリス

著書『自然哲学の数学的諸原理（Philosophiæ Naturalis Principia Mathematica）』。微分積分学，冪級数，非整数指数を持つ二項定理，光学，古典力学，万有引力の法則，数値解析に関するニュートン法：$x_{n+1} = x_n - f(x_n) / f'(x_n)$。

アウグスト・フェルディナンド・メビウス（1790 ～ 1868） ドイツ

幾何学，数論，メビウスの輪（表裏のない2次元表面），メビウス関数，メビウスの反転公式，メビウス変換：$f(z) = (az + b) / (cz + d)$。

アトレ・セルバーグ（1917 ～ 2007） ノルウェー，アメリカ

解析的整数論，保型形式の理論，スペクトル理論，チャウラ・セルバーグの公式，セルバーグの篩，臨界線定理，マース・セルバーグの関係式，セルバーグクラス，セルバーグの予想，セルバーグ積分，セルバーグ跡公式，セルバーグゼータ関数，素数定理の証明。

アブラーム・ド・モアブル（1667 ～ 1754） フランス

正規分布，確率論，複素数と三角法に関連するド・モアブルの公式：
$(\cos x + i \sin x)^n = \cos (nx) + i \sin (nx)$。

アマリー・エミー・ネーター（1882 ～ 1935） ドイツ

著書『環のイデアル論（Idealtheorie in Ringbereichen）』。抽象代数学，理論物理学，環と体の理論，超複素数，群論，代数的不変式論，消去理論，位相幾何学，ガロア理論，ネーターの定理。アルバート・アインシュタインは「ネーター嬢はこれまでで最も重要な，数学の創造的天才である……」と記し，ノーバート・ウィーナーは「ネーター嬢は……これまでで最大の女性数学者である」と記した。

アラン・マシソン・チューリング（1912 ～ 1954） イギリス

チューリングマシン。アルゴリズムと計算可能性の概念の確立。暗号解読，チューリング完全，数理生物学。

アルフレッド・クレブシュ（1833 ～ 1872） ドイツ

代数幾何学と不変式論，球面調和関数のクレブシュ・ゴルダン係数，
二つの方程式 $x_0 + x_1 + x_2 + x_3 + x_4 = 0$ と $x_0^3 + x_1^3 + x_2^3 + x_3^3 + x_4^3 = 0$
を満たすクレブシュ曲面。

アルフレッド・タルスキ（1902 ～ 1983） ポーランド，アメリカ

論理学基礎論，真理の形式概念，モデル理論，位相幾何学，代数的論理学，超数学，抽象代数学，幾何学，測度論，数理論理学，集合論，分析哲学。

アルフレッド・ノース・ホワイトヘッド（1861 ～ 1947） イギリス

著書『プリンキピア・マセマティカ（Principia Mathematica）』。代数学，論理学，数学基礎論。

アレクサンドル・グロタンディーク（1928 ～ 2014） ドイツ，フランス

著書『代数幾何原論（Éléments de géométrie algébrique）』，『マリーの森の代数幾何学セミナー（Séminaire de Géométrie Algébrique du Bois Marie）』。代数幾何学，可換環論，ホモロジー代数学，層理論，圏論，トポス理論，ヴェイユ・コホモロジー理論，関数解析，位相的ベクトル空間の位相的テンソル積，グロタンディークの謎の関手。

アレクシス・クレロー（1713 ～ 1765） フランス

幾何学，対称性，微分方程式，クレローの定理（回転楕円体への適用），
公式 $g = G[1 + (5m/2 - f)\sin^2\varphi]$。クレローの微分幾何学での関与：$r(t)\cos\theta(t) = $ 定数。

アンドリュー・ジョン・ワイルズ（1953 ～） イギリス

数論。フェルマーの最終定理の証明。

アンドレ・ヴェイユ（1906 ～ 1998） フランス，アメリカ

数論，代数幾何学，1940 年に有限体上の曲線のゼータ関数に関するリーマン予想を証明。玉河数に関するヴェイユ予想。

アンドリアン＝マリー・ルジャンドル（1752 ～ 1833）　フランス

　著書『幾何学の基礎（Éléments de géométrie）』。ルジャンドル多項式，ルジャンドル変換，楕円関数，最小二乗法，素数定理。

アンドレイ・コルモゴロフ（1903 ～ 1987）　ロシア

　アルゴリズム的情報理論，計算複雑性，確率論，位相幾何学，直観主義論理，乱流，古典力学，確率過程，コルモゴロフの0-1法則。

アンドレイ・マルコフ（1856 ～ 1922）　ロシア

　確率過程（時間的に変化する確率的現象など），マルコフ連鎖，マルコフ過程。

アンリ・ルベーグ（1875 ～ 1941）　フランス

　著書『積分・長さ・面積（Intégrale, longueur, aire）』。積分の理論，ルベーグ積分，ルベーグ測度。

ウィリアム・キングドン・クリフォード（1845 ～ 1879）　イギリス

　幾何学的代数，クリフォード代数（実数，複素数，超複素数系の一般化），クライン・クリフォード空間。

ウィリアム・サーストン（1946 ～ 2012）　アメリカ

　低次元位相幾何学，3次元多様体，葉層構造理論，幾何化予想，軌道休定理，ミルナー・サーストンのニーディング論。

ウィリアム・ローワン・ハミルトン（1805 ～ 1865）　アイルランド

　代数学，ハミルトニアン，イコシアンゲーム，四元数（複素数の高次元への拡張）。四元数の乗法の基本公式：$i^2 = j^2 = k^2 = ijk = -1$。

ウラジーミル・アーノルド（1937 ～ 2010）　ロシア

　安定性に関するコルモゴロフ・アーノルド・モザー（KAM）の定理。力学系理論，カタストロフィー理論，位相幾何学，代数幾何学，古典力学，特異点理論。アーノルドの猫写像，アーノルド予想，アーノルドのルーブル問題。

エドワード・ウィッテン（1951 ～）　アメリカ

　数理物理学，位相幾何学，ひも理論，量子重力理論，超対称性場の量子論。

エバリスト・ガロア（1811 ～ 1832）　フランス

　ガロア理論，群論，ガロア結合，ガロア体。20歳のとき決闘の傷がもとで亡くなった。

エドワード・ノートン・ローレンツ（1917 ～ 2008）　アメリカ

　カオス理論とローレンツ・アトラクター。バタフライ効果を造語。

エミール・アルティン（1898 ～ 1962）　オーストリア，ドイツ，アメリカ

　代数的数論，類体論，L-函数。群・環・体論。アルティン予想。アルティン・ビリヤード。

エミール・ボレル（1871 ～ 1956）　フランス

　測度論，ボレル集合，無限の猿定理，戦略ゲーム，ボレルの大数の法則，ボレル総和法，ボレル分布。

エリー・ジョゼフ・カルタン（1869 ～ 1951）　フランス

　微分幾何学，群論，リー群，スピノール（複素ベクトル空間の元）。

エルンスト・クンマー（1810 ～ 1893）　ドイツ

　応用数学，超幾何級数，クンマー関数，クンマー環，クンマー和。

エルンスト・ツェルメロ（1871 ～ 1953）　ドイツ

　数学基礎論，ツェルメロ・フレンケル公理的集合論。

オーギュスタン＝ルイ・コーシー（1789 ～ 1857）　フランス

　著書『解析学講義（Cours d'Analyse）』，『微分積分学要論（Le Calcul infinitesimal）』。数論，微分積分学，連続性，複素解析，複素関数論，置換群，抽象代数学。

　コーシーの積分定理：$\oint_c f(z)\, dz = 0$。コーシーの積分公式。アポロニウスの問題，コーシー・ビネの公式，コーシーの収束判定法，コーシー行列，コーシー・ペアノの定理，コーシー積，コーシー・リーマンの方程式，コーシー・シュワルツの不等式。テイラーの定理の厳密な証明。

オズワルド・ベブレン（1880 ～ 1960）　アメリカ

　ジョルダン曲線定理の証明。幾何学，位相幾何学，ベブレン・ヤングの定理。

オマル・ハイヤーム（1048 ～ 1123）　ペルシャ

　著書『代数学問題の解法研究（Treatise on Demonstration of Problems of Algebra）』の中でのちにパスカルの三角形と知られる二項係数の三角形配列を記述した。平行線の理論，幾何学的代数，確率論。$x^3 + 200x^2 + 2000$ のような方程式の研究。二項展開 $(x + y)^2 = x^2 + 2xy + y^2$ の一般化。

カール・フリードリヒ・ガウス（1777 ～ 1855）　ドイツ

　著書『ガウス整数論（Disquisitiones Arithmeticae）』。数論，代数学，統計学，解析学，微分幾何学，正十七角形の定規とコンパスによる作図，素数定理，平方剰余の相互法則の証明。

カール・ルートビヒ・ジーゲル（1896 ～ 1981）　ドイツ

　数論，トゥエ・ジーゲル・ロスの定理，ジーゲルの質量公式，ジーゲル円板。

カール・ヤコビ（1804 ～ 1851）　ドイツ

　著書『楕円関数原論（Fundamenta nova theoriae functionum ellipticarum）』。楕円関数，微分方程式，数論，ヤコビ行列と行列式。ドイツ語圏の大学（ケーニヒスベルク大学）で教授となった最初のユダヤ人数学者で，任命時にキリスト教に改宗した。

カール・ワイエルシュトラス（1815 ～ 1897）　ドイツ

近代解析学の父。微分積分学の健全性，変分法，ワイエルシュトラス（病的）関数：
$\Sigma a^k \cos(b^k \pi x)$，$k = 0$ から∞の和をとる。ここでaは $0 < a < 1$ の実数，bは正の奇整数，かつ$ab > (1 + 3\pi/2)$。連続関数であるにもかかわらず至るところ微分不可能。

ガストン・ジュリア（1893 ～ 1978）　フランス

著書『有利関数の近似に関するメモ（Mémoire sur l'itération des fonctions rationnelles）』。フラクタルのジュリア集合はのちにブノワ・B・マンデルブロがコンピューターグラフィックスを使って研究して非常に有名になった。

ガスパール・モンジュ（1746 ～ 1818）　フランス

図法幾何学，微分幾何学，モンジュ配列，モンジュ・アンペールの方程式，三つの円を含むモンジュの定理，モンジュの円錐。

カミーユ・ジョルダン（1838 ～ 1921）　フランス

著書『エコール・ポリテクニークにおける解析学講義（Cours d'analyse de l'École Polytechnique）』。群論，ジョルダン曲線定理，ジョルダン標準形，ジョルダン測度，組成列に関するジョルダン・ヘルダーの定理，有限線形群に関するジョルダンの定理，ガロア理論。ジョルダン曲線は平面状の閉じた曲線で自分自身と交わらないもの。

グリゴリー・ペレルマン（1966 ～）　ロシア

ポアンカレ予想の解決。リーマン幾何学，幾何学的トポロジー，サーストンの幾何化予想の解決，リッチフローの解析的および幾何学的構造。

クリスチャン・ゴールドバッハ（1690 ～ 1764）　ドイツ

ゴールドバッハの予想：4以上のすべての偶数は二つの素数の和として表すことができる。

クルト・ゲーデル（1906 ～ 1978）　ドイツ，アメリカ

著書『不完全性定理（Über formal unentscheidbare Sätze der "Principia Mathematica" und verwandter Systeme)』。不完全性定理, ゲーデルの構成可能集合, ゲーデルの神の存在証明, ゲーデルのスリングショット。絶食して自死した。

ゲオルク・カントール（1845 ～ 1918）　ロシア，ドイツ

「無限の無限性」，集合論，超限数，数論，カントール集合，連続体仮説：$C = \aleph_1 = 2^{\aleph_0}$。

ゴッドフリー・ハロルド・ハーディ（1877 ～ 1947）　イギリス

著書『ある数学者の生涯と弁明（A Mathematician's Apology）』。数論，解析学。インド人数学者シュリニバーサ・ラマヌジャンの師。ハーディ・ワインベルグの法則，ハーディ・ラマヌジャンの漸近公式，ハーディ・リトルウッド予想。あるときハーディはバートランド・ラッセルにこう言った「もしも私が，あなたが5分以内に死ぬことを論理的に証明できたとしたら，あなたが死ぬのは大変残念だが，証明ができたことで悲しみも吹き飛ぶでしょう」

ゴットフリート・ビルヘルム・ライプニッツ（1646 ～ 1716）　ドイツ

微分積分学，論理学，位相幾何学，ライプニッツの調和三角形，行列式に対するライプニッツの明示公式，ライプニッツの積分法則，π に関するライプニッツの公式：

1 – 1/3 + 1/5 – 1/7 + 1/9 –…= π /4。

ゴットホルト・アイゼンシュタイン（1823 ～ 1852）　ドイツ

数論，解析学，アイゼンシュタインの相互法則，アイゼンシュタイン整数，アイゼンシュタイン素数，アイゼンシュタイン級数，アイゼンシュタインの定理，素数の2次式による分割。

ゴットローブ・フレーゲ（1848 ～ 1925）　ドイツ

論理学，数学基礎論，述語計算。

サー・マイケル・アティヤ（1929 ～ 2019）　イギリス

位相的K-理論，アティヤ・シンガーの指数定理，インスタントン，代数幾何学，指数理論，ゲージ理論。

ジェームズ・ジョセフ・シルベスター（1814 ~ 1897）　イギリス，アメリカ

　行列理論，数論，不変式論，分割理論，組み合わせ論，シルベスター数列（自分の前にある数の積に1を足す）：

　2, 3, 7, 43, 1807, 3263443, 10650056950807, 113423713055421844361000443, …

シメオン・ドニ・ポアソン（1781 ~ 1840）　フランス

　微分方程式，確率論，統計学，ポアソン過程，ポアソン方程式，ポアソン核，ポアソン分布，ポアソン括弧，ポアソン代数，ポアソン回帰，ポアソン和公式。

ジャック・サロモン・アダマール（1865 ~ 1963）　フランス

　数論，微分幾何学，複素関数理論，偏微分方程式，アダマール積，アダマール行列，アダマール符号，素数定理 $\pi(x) \sim x/[\ln(x)]$ の証明。

シャルル・エルミート（1822 ~ 1901）　フランス

　数論，二次形式，不変式論，直交多項式，楕円関数，代数学，エルミート多項式，エルミート補間，エルミート標準形，エルミート演算子，3次エルミート曲線。

　自然対数の低 e（2.7182 8182 8459 0452…）が超越数であることを証明した。

ジャン＝ガストン・ダルブー（1842 ~ 1917）　フランス

　幾何学，解析学，微分方程式，曲面の微分幾何学，ダルブー積分，ダルブーの無限級数の総和の公式。

ジャン＝ピエール・セール（1926 ~）　フランス

　代数的位相幾何学，群論，代数幾何学，代数的整数論，セールのツイスト層，セール・ファイブレーション。

ジャン＝ビクトル・ポンスレ（1788 ~ 1867）　フランス

　著書『図形の射影的性質の研究（Traité des propriétés projectives des figures）』。射影幾何学，フォイエルバッハの定理に関する研究，コンパスと定規によるポンスレ・シュタイナーの作図定理。

ジャン・ル・ロン・ダランベール（1717 〜 1783） フランス

ダランベールの公式，波動方程式の解を求めるための式 $u_{tt} - c^2 u_{xx} = 0$。ダランベール演算子，ダランベールのパラドックス，ダランベールの原理，ダランベール法。

ジュール＝アンリ・ポアンカレ（1854 〜 1912） フランス

ポアンカレ予想（有名な問題で2003年頃解決した），カオス理論，位相幾何学，ポアンカレ群，三体問題，数論，微分方程式，特殊相対性理論。

ジュゼッペ・ペアノ（1858 〜 1932） イタリア

数理論理学，集合論，ペアノの公理（自然数に関する）。

ジュリア・ロビンソン（1919 〜 1985） アメリカ

ディオファントス方程式および決定可能性。決定問題とヒルベルトの第10問題の業績で著名。

シュリニバーサ・ラマヌジャン（1887 〜 1920） インド

数論，無限級数，連分数，解析学，モジュラー方程式，ランダウ・ラマヌジャンの定数，モック・テータ関数，ラマヌジャンの主定理，ラマヌジャン素数，ラマヌジャン・ソルドナー定数，ラマヌジャン和，ロジャース・ラマヌジャン恒等式，ラマヌジャン・ピーターソン予想，ラマヌジャンのテータ関数，多重根号，ハーディ・ラマヌジャン数として知られる1729（$1^3 + 12^3 = 9^3 + 10^3$）。

ジョージ・デビッド・バーコフ（1884 〜 1984） アメリカ

エルゴード定理，数論，彩色多項式。バーコフはポアンカレの最終幾何定理を証明した。

ジョージ・ピーコック（1791 〜 1858） イギリス

解析協会の設立，代数理論。

ジョージ・ブール（1815 〜 1864） イギリス

微分方程式，代数的論理学，確率，ブール論理（デジタルコンピューターの演算の基礎となる）。

ジョゼフ・フーリエ（1768 ～ 1830） フランス

フーリエ級数（周期関数や信号をsin，cosの和に分解），フーリエ変換。

ジョゼフ・リウビル（1809 ～ 1882） フランス

数論，複素解析，微分幾何学，位相幾何学，リウビルの定理，リウビル数，スツルム・リウビル理論，リウビル方程式（$\Delta_0 \log f = -Kf^2$），リウビル関数：$\lambda(n) = (-1)^{\Omega(n)}$。

ジョゼフ＝ルイ・ラグランジュ（1736 ～ 1813） イタリア，フランス

著書『解析関数の理論（Theorie des fonctions analytiques）』。数論，解析学，変分法，微分方程式，確率論，微分積分学，群論，力学，解析幾何学，連分数，オイラー・ラグランジュの方程式。四平方定理の証明：すべての自然数は高々4個の平方数の和で表される（例：$310 = 17^2 + 4^2 + 2^2 + 1^2$）。ウィルソンの定理の証明：$n$は$n - 1$の階乗を$n(n > 1)$で割った余りが$n - 1$の場合にのみ素数となる。

ジョルジ・ポリア（1887 ～ 1985） ハンガリー

著書『いかにして問題をとくか（How to Solve It）』。確率論，組み合わせ論，数論，数値解析，級数，ポリア予想，ポリアの計数定理，ポリア・ヴィノグラードフの不等式，ポリアの不等式。ポリア分布，ポリアの壺。

ジョン・エデンサー・リトルウッド（1885 ～ 1977） イギリス

解析学，力学系，素数に関するハーディ・リトルウッド予想，リトルウッド多項式，微分方程式。

ジョン・ウィラード・ミルナー（1931 ～） アメリカ

微分位相幾何学，K理論，力学系，エキゾチック球面，ファリー・ミルナーの定理，ミルナー・サーストンのニーディング論，非標準的微分構造を持つ7次元球面の存在の証明。

ジョン・ウォリス（1616 ～ 1703） イギリス

著書『オペラ・マセマティカ（Opera Mathematica）』全3巻，『無限小の算術（Arithmetica Infinitorum）』。無限を表す記号として∞を導入。微分積分学，三角法，幾何学，無限級数の解析，

連分数，数直線，ウォリス積：$\pi/2 = 2/1 \cdot 2/3 \cdot 4/3 \cdot 4/5 \cdot 6/5 \cdot 6/7 \cdots$

ジョン・フォーブス・ナッシュ・ジュニア（1928 ～ 2015）　アメリカ

　ゲーム理論，微分幾何学，偏微分方程式，ナッシュ均衡，ナッシュの埋め込み定理，代数幾何学，ボードゲームのヘックス（Hex）。ナッシュは妄想型統合失調症と診断された。2001 年のハリウッド映画「ビューティフルマインド」のモデルである。

ジョン・フォン・ノイマン（1903 ～ 1957）　ハンガリー，アメリカ

　数値解析，関数解析，集合論，エルゴード理論，作用素論，束論，測度論，幾何学，位相幾何学，ゲーム理論，線型計画法，自己複製機械，統計学，セル・オートマトン，フォン・ノイマンのパラドックス，量子論理。

ジョン・ベン（1834 ～ 1923）　イギリス

　ベン図，集合論，確率論，論理学，統計学。

ジョン・ホートン・コンウェイ（1937 ～）　イギリス

　数論，有限群論，結び目理論，組合せゲーム理論，符号理論，ライフゲーム，スプラウト，超現実数，コンウェイのチェーン表記，コンウェイの多面体表記，有限単純群の分類，コンウェイの天使と悪魔，コンウェイの兵隊，見て言って数列:1, 11, 21, 1211, 111221, 312211, 13112221, 1113213211……。

ジラール・デザルグ（1591 ～ 1661）　フランス

　射影幾何学，デザルグ・グラフ，デザルグの定理：（二つの三角形において配景の中心が一点で交わることと，配景の軸が一直線になることは同値である）。

ジロラモ・カルダーノ（1501 ～ 1576）　イタリア

　著書『偉大なる術，あるいは代数の規則（Artis magnae, sive de regulis algebraicis）』，または，より短くは『偉大なる術（Ars magna）』。代数学，負数，3 次・4 次方程式の解法。$ax^3 + bx + c = 0$ の解に関する論争。

チャーン・シンシェン（陳省身）（1911 ～ 2004）　中国，アメリカ

　微分幾何学，チャーン・サイモンズ理論，チャーン・ヴェイユ理論，チャーン類，積分幾何学，正則関数の値分布理論，極小部分多様体論，チャーン・ヴェイユ準同型。

スティーブン・スメイル（1930 ～）　アメリカ

　位相幾何学，球の裏返しの証明，力学系，スメイルの馬蹄型，一般化されたポアンカレ予想，ハンドル分解，ホモクリニック軌道，ブラム・シャブ・スメイル機械，正則ホモトピー，ホワイトヘッドのねじれ，微分同相写像。

ステファン・バナッハ（1892 ～ 1945）　ポーランド

　著書『線形作用素論（Théorie des opérations linéaires）』。関数解析，バナッハ・タルスキのパラドックス，バナッハ・シュタインハウスの定理，バナッハ空間，バナッハの不動点定理，バナッハ代数，バナッハ束。

ソーフス・リー（1842 ～ 1899）　ノルウェー

　連続的対称性，連続的変換群（リー群），リー代数。

ソフィア・コワレフスカヤ（1850 ～ 1891）　ロシア

　解析学，微分方程式，力学，コーシー・コワレフスカヤの定理。北欧で女性として初の正教授となり，ヨーロッパで数学の学位を取得した最初の女性。コワレフスカヤのコマ。

ダニエル・ベルヌーイ（1700 ～ 1782）　スイス

　確率，統計学，リスク理論，数理物理学，サンクトペテルブルクのパラドックス。

ダフィット・ヒルベルト（1862 ～ 1943）　プロシア，ドイツ

　著書『幾何学基礎論（Grundlagen der Geometrie）』。不変式論，幾何学の公理化，ヒルベルト空間，関数解析，論理学，数論，ヒルベルト・プログラム，有限性定理，ヒルベルトの無限ホテルのパラドックス（無限集合のパラドックス）。1900年，「ヒルベルトの23の問題」を提示して20世紀の数学を方向づけた。

ナスィールッディーン・アッ=トゥースィー（1201 ~ 1274） ペルシャ

　著書『四角形論（Treatise on the Quadrilateral）』。三角法，球面三角法，正弦定理：
$a/\sin(A) = b/\sin(B) = c/\sin(C) = D$。

ニールス・ヘンリック・アーベル（1802 ~ 1829） ノルウェー

　楕円関数，超楕円関数，アーベル関数，代数的微分の加法性，群論。アーベルは5次の一般の代数方程式を代数的に解く方法が存在しないことを示した。

ニコライ・ロバチェフスキー（1792 ~ 1856） ロシア

　双曲幾何学（非ユークリッド幾何学の一つ）。

ノーバート・ウィーナー（1894 ~ 1964） アメリカ

　ノイズ過程，サイバネティックス，ウィーナー方程式，ウィーナーフィルター，ウィーナー過程，ウィーナーのタウバー型定理，ウィーナー・ヒンチンの定理，パレー・ウィーナーの定理。

バートランド・ラッセル（1872 ~ 1970） イギリス

　著書『プリンキピア・マテマティカ（Principia Mathematica）』。論理学，集合論，数理哲学，数学基礎論，ラッセルのパラドックス。

パフヌティ・チェビシェフ（1821 ~ 1894） ロシア

　確率論，統計学，力学，解析幾何学。ベルトラン・チェビシェフの定理，チェビシェフ多項式：
$T_n(x) = \cos[n \arccos(x)]$。

ハロルド・スコット・マクドナルド（ドナルド）・コクセター（1907 ~ 2003） イギリス，カナダ

　幾何学，正・半正超多面体，ボーアダイク・コクセター螺旋，コクセター関手，コクセター群，コクセター数，コクセター・マトロイド，コクセターの正接円の斜航列。

ピエール=シモン・ラプラス（1749 ~ 1827） フランス

　統計学，確率論，ラプラス方程式（$\Delta\varphi = 0$），ラプラス変換，球面調和関数。

ピエール・ド・フェルマー（1601 ～ 1665）　フランス

無限小解析，数論，解析幾何学，確率論，フェルマーの最終定理；$a^n + b^n \neq c^n$ for $n > 2$。

ピエール・ファトゥー（1878 ～ 1929）　フランス

解析学，正則力学，ファトゥーの補題，ファトゥー集合，ファトゥー・ビーベルバッハ領域。

フェリックス・クライン（1849 ～ 1925）　ドイツ

著書『数理科学事典（Enzyklopädie der mathematischen Wissenschaften）』。群論，複素解析，非ユークリッド幾何学，エルランゲン・プログラム，クラインの壺（表裏のない閉曲面），関数論，数論，抽象代数学，クラインの4次曲面。

フェリックス・ハウスドルフ（1868 ～ 1942）　ドイツ

著書『集合論基礎（Grundzüge der Mengenlehre）』。位相幾何学，集合論，測度論，関数論，ハウスドルフ測度，ハウスドルフ次元，ハウスドルフのパラドックス。1942年，ナチスの強制収容所に送られる直前，妻，義理の妹と共に自殺した。

フェルディナンド・ゲオルク・フロベニウス（1849 ～ 1917）　ドイツ

楕円関数，微分方程式，群論，フロベニウス・スティッケルベルガーの公式，関数の有理近似，双二次形式の理論，ケイリー・ハミルトン定理の証明，フロベニウス多様体。

ブノワ・B・マンデルブロ（1924 ～ 2010）　ポーランド，フランス，アメリカ

著書『フラクタル幾何学（The Fractal Geometry of Nature）』。フラクタルと粗さの理論。マンデルブロ集合（$z_{n+1} = z_n^2 + c$），カオス理論，ジップ・マンデルブロの法則。

ブルック・テイラー（1685 ～ 1731）　イギリス

テイラーの定理，テイラー級数（関数のある一点での導関数たちの値から計算される項の無限和として関数を表したもの）：

$$\sum_{n=0}^{\infty} \frac{f^{(n)}(a)}{n!}(x-a)^n$$

ブレーズ・パスカル（1623 ～ 1662）　フランス

　著書『算術三角形論（Traité du triangle arithmétique）』。射影幾何学，確率論，サイクロイド，二項係数に関するパスカルの三角形；

```
              1
             1 1
            1 2 1
           1 3 3 1
          1 4 6 4 1
         1 5 10 10 5 1
        1 6 15 20 15 6 1
```

ペーター・グスタフ・ルジョンヌ・ディリクレ（1805 ～ 1859）　ドイツ

　数論，フーリエ級数，ディリクレ関数，ディリクレの算術級数定理。

ヘルマン・グラスマン（1809 ～ 1877）　ドイツ

　著書『数学の新分野である線形広延論（Die Lineale Ausdehnungslehre, ein neuer Zweig der Mathematik）』。線形代数，外積代数，ベクトル空間，グラスマン多様体，グラスマン数。

ヘルマン・ミンコフスキー（1864 ～ 1909）　リトアニア，ドイツ

　数の幾何学，数論，相対性理論，ミンコフスキー空間，ミンコフスキーダイアグラム，ミンコフスキーの疑問符関数（フラクタル状の滑りやすい悪魔の階段）。

ヘルマン・ワイル（1885 ～ 1955）　ドイツ，アメリカ

　数論，理論物理学，論理学，対称性，位相幾何学，ワイルの部屋，ワイル群，ワイルテンソル，固有値分布，多様体と物理学の幾何学的基礎。

ベルンハルト・リーマン（1826 ～ 1866）　ドイツ

　解析学，数論，微分幾何学，リーマン幾何学，代数幾何学，複素多様体理論，リーマン積分，リーマン計量，リーマン予想，リーマンゼータ関数：$\zeta(s) = 1/1^s + 1/2^s + 1/3^s + \cdots$。

ポール・エルデシュ（1913 ～ 1996）　ハンガリー，アメリカ，イスラエル

　数論，組み合わせ論，グラフ理論，古典解析学，近似法，集合論，確率論，ラムゼー理論，素
数定理の証明，算術級数に関するエルデシュ予想，
　コープランド・エルデシュ定数（0.2357 1113 1719 2329 3137 4143……），
　エルデシュ・ボーウェイン定数（1.60669 51524 15291……）。エルデシュは生涯のほとん
どを放浪者として過ごした。

ポール・コーエン（1934 ～ 2007）　アメリカ

　標準的なツェルメロ・フレンケル公理的集合論では連続体仮説も選択公理も証明できない。連
続体仮説は決定不能。数学手法「強制法」の開発。

マイケル・フリードマン（1951 ～）　アメリカ

　4次元のポアンカレ予想。

マーティン・ガードナー（1914 ～ 2010）　アメリカ

　ガードナーは数学ゲーム，パズル，問題集の一般書を通じて大衆に数学を紹介した。フレクサ
ゴン，コンウェイのライフゲーム，ポリオミノ，フラクタル，さまざまなパラドックスについて
著作がある。

マラン・メルセンヌ（1588 ～ 1648）　フランス

　メルセンヌ素数（$M_n = 2^n - 1$ の形）。
　最初の四つのメルセンヌ素数は $M_2 = 3$，$M_3 = 7$，$M_5 = 31$，and $M_7 = 127$。

マリア・ガエターナ・アニェージ（1718 ～ 1799）　イタリア

　『分析的教育（Instituzioni analitiche）』の著者である。同書は微分と積分双方を扱った最初の
包括的教科書であり，女性が著した数学作品で現存する最古のものでもある。同書には現在「ア
ニェージの魔女」として知られる $y = 8a^3 / (x^2 + 4a^2)$ で表される3次曲線に関する議論も収め
られている。アニェージは貧しい人たちを救うために全財産を提供し，救貧院で極貧のうちに生
涯を終えた。

ヤコブ・シュタイナー（1796 ～ 1863） スイス

著書『幾何学的形態における相互依存性の体系的発展（Systematische Entwickelung der Abhängigkeit geometrischer Gestalten von einander）』。総合幾何学，代数曲線，代数曲面，シュタイナー木，シュタイナーの円鎖。

ヤコブ・ベルヌーイ（1654 ～ 1705） スイス

著書『推測法（Ars Conjectandi）』。微分積分学，確率論，論理学，代数学，無限級数，大数の法則，ベルヌーイ数，ベルヌーイ多項式，ベルヌーイ分布，ベルヌーイ確率変数，ベルヌーイの黄金定理，ベルヌーイの不等式，ベルヌーイのレムニスケート：

$(x^2 + y^2)^2 = 2a^2(x^2 - y^2)$。$\Sigma\, 1/n^2$ が 2 より小さい値に収束することを発見した。

ベルヌーイの微分方程式：$y' = p(x)y + q(x)y^n$。自然対数の底 e は，n が無限大に近づくときの $(1 + 1/n)^n$ の極限である。

ユーリ・ウラディミロビッチ・マチャセビッチ（1947 ～） ロシア

計算可能性理論。整数係数多項式を用いたヒルベルトの第 10 問題の否定的解決。

ユリウス・プリュッカー（1801 ～ 1868） ドイツ

解析幾何学，射影幾何学，プリュッカーの公式，プリュッカー座標，プリュッカー曲面，プリュッカーのコノイド（2 変数の関数が作る曲面：$x = (2xy)/(x^2 + y^2)$。）

ヨハン・ハインリッヒ・ランベルト（1728 ～ 1777） スイス，プロシア

幾何学における双曲線関数，非ユークリッド幾何学，投影法。π が無理数であることを初めて証明した。

ヨハン・ベルヌーイ（1667 ～ 1748） スイス

微分積分学，ロピタルの定理，懸垂線の解，ベルヌーイの定理，ベルヌーイ則，二年生の夢：

$$\int_0^1 x^{-x}\,dx = \sum_{n=1}^{\infty} n^{-n} = 1.29128599706266354040728825905\ldots$$

ライツェン・エクベルトゥス・ヤン・ブラウアー（1881 ～ 1966） オランダ

　位相幾何学，集合論，測度論，複素解析，直観主義。毛の生えたボールの定理の証明。ブラウアー・ヒルベルトの矛盾，フラグメン・ブラウアーの定理，ブラウアーの不動点定理。

リヒャルト・デデキント（1831 ～ 1916） ドイツ

　抽象代数学（環論），実数の基礎，代数的数論，デデキント切断，デデキント数：2, 3, 6, 20, 168, 7581, 7828354, 2414682040998, 56130437228687555790778······。

ルネ・デカルト（1596 ～ 1650） フランス

　著書『幾何学（La Géométrie）』，デカルト座標系，解析幾何学，哲学，多項式の正または負の実数解の数を決定するデカルトの符号法則。

レオンハルト・オイラー（1707 ～ 1783） スイス

　微分積分学，グラフ理論，冪級数，オイラーの公式：$[e^{ix} = \cos(x) + i\sin(x)]$，オイラーの多面体定理：$(V - E + F = 2)$，オイラーの等式：$e^{i\pi} + 1 = 0$（数学で最も注目すべき公式とされる），
　有名なバーゼル問題の解決；

$$\sum_{n=1}^{\infty} \frac{1}{n^2} = \lim_{n \to \infty} \left(\frac{1}{1^2} + \frac{1}{2^2} + \frac{1}{3^2} + \cdots + \frac{1}{n^2} \right) = \frac{\pi^2}{6}$$

　$2^{31} - 1 = 2{,}147{,}483{,}647$ がメルセンヌ素数であることの証明。
　オイラー数，$e = 2.7182\ 8182\ 8459\ 0452\ 3536\ 0287\ 4713\ 5266\ 2497\ 7572\ 4709\ 3699$。
　オイラー・マスケローニ定数
　$\gamma = 0.5772\ 1566\ 4901\ 5328\ 6060\ 6512\ 0900\ 8240\ 2431\ 0421\ 5933\ 5939$。

ロジャー・ペンローズ（1931 ～） イギリス

　幾何学，ペンローズ・タイル，ツイスター理論，時空間の幾何学，宇宙検閲官仮説，ワイル曲率仮説，ペンローズ不等式，ペンローズの階段。

ロバート・フェラン・ラングランズ（1936 ～）　カナダ

ラングランズ・プログラム，ラングランズ群，ラングランズ・ドリーニュの局所定数，ガロア群，代数的数論，保型形式。

最後に，本書執筆中に有益なフィードバックを頂いた，ニック・ホブソン，テジャ・クラゼク，デニス・ゴードン，ピート・バーンズ，メラニー・マッデンの諸氏に，感謝の意を表します。

推奨文献

・アーサー・C・クラーク
『都市と星』 早川書房（2009）

・アルバート・アインシュタイン
The Ultimate Quotable Einstein, Calaprice, A., ed., Princeton, NJ: Princeton University Press, 2013.

・アルフレッド・ノース・ホワイトヘッド
『数学入門（ホワイトヘッド著作集第2巻）』 松籟社（1983）

・ウィリアム・パウンドストーン
『パラドックス大全：世にも不思議な逆説パズル』 青土社（2004）

・エドワード・カスナーとジェームス・ニューマン
Mathematics and the Imagination, New York: Simon & Schuster, 1940.

・エドワード・フレンケル
『数学の大統一に挑む』 文藝春秋（2015）

・カルビン・クロースン
『数学の不思議──数の意味と美しさ』 青土社（2005）

・クリフォード・A・ピックオーバー
『数学のおもちゃ箱（上／下）』 日経BP（2011）

・グレアム・ファーメロ
『美しくなければならない──現代科学の偉大な方程式』 紀伊国屋書店（2003）

・ゴッドフレイ・ハロルド・ハーディ
『ある数学者の生涯と弁明』 丸善出版（2014）

・ジェイムズ・グリック
『カオス──新しい科学をつくる』 新潮社（1991）

・ジェニファー・ウーレット
The Calculus Diaries, New York, Penguin, 2010.

・シルビア・タウンゼンド・ウォーナー
『フォーチュン氏の楽園』 新人物往来社（2010）

・スティーブン・ホーキング
『ホーキング博士と宇宙』 北星堂書店（1995）

・ドン・デリーロ
Ratner's Star, New York: Knopf, 1976.

・ノートン・ジャスター
The Phantom Tollbooth, New York: Yearling, 1988.

・バートランド・ラッセル
『神秘主義と論理』 みすず書房（2008）

・パオロ・ジョルダーノ
『素数たちの孤独』 早川書房（2013）

・ハワード・イーブス
Mathematical Circles, Boston: Prindle, Weber & Schmidt, 1969.

・フリーマン・ダイソン
"Mathematics in the Physical Sciences," Scientific American, vol. 211, no. 3, pp. 129-146, 1964.

・ヘルマン・ワイル
The Open World, New Haven: Yale University Press, 1932.

・ポール・ホフマン
『放浪の天才数学者エルデシュ』 草思社（2011）

・ポール・ロックハート
『算数・数学はアートだ！：ワクワクする問題を子どもたちに』 新評論（2016）

・マーティン・ガードナー
"Order and Surprise," Philosophy of Science, vol. 17, no. 1, pp. 109-117, 1950.

・マイケル・アティヤ
"Pulling the Strings," Nature, vol. 438, no. 7071, pp. 1081-1082, 2005.

・マイケル・ギレン
Five Equations That Changed the World, New York: Hyperion, 1995.

・モーリス・クライン
『不確実性の数学：数学の世界の夢と現実』 紀伊国屋書店（1984）

- リチャード・ドーキンス
  『盲目の時計職人』 早川書房（2004）

- リチャード・ファインマン
  『ファインマン物理学』、岩波書店（1986）

- リチャード・ファインマン
  『物理法則はいかにして発見されたか』 岩波書店（2001）

- ルディ・ラッカー
  『無限と心ー無限の科学と哲学』 現代数学社（1986）

- ロジャー・ペンローズ
  "What is Reality?" New Scientist, vol. 192, no. 2578, pp. 32-39, 2006.

- ユージン・ウィグナー
  "The Unreasonable Effectiveness of Mathematics in the Natural Sciences," Communications on Pure and Applied Mathematics, vol. 13, no. 1, pp. 1-14, 1960.

- ユーリ・マニン
  "Mathematical Knowledge: Internal, Social, and Cultural Aspects," in Mathematics as Metaphor, Providence, RI: American Mathematical Society, 2007.

クレジット

Shutterstock

© 3Dstock：118　© Africa Studio：347　© agsandrew：33, 34, 43, 45, 53, 58, 69, 75, 86, 90, 93, 104, 127, 130, 139, 153, 198, 275, 299, 304, 312, 342, 377

© Albisoima：131　© AlexanderZam：226　© Algol：30, 160, 215, 259　© alri：242, 295

© Mukhin Maxim Anatolyevitch：252　© AndreasG：20　© Anikakodydkova：166, 379

© anmo：64, 241　© Matt Antonino：81, 170　© AnushAleks：208

© Arisia：109, 150, 233　© ArtTDi：202　© asharkyu：31　© Austra：82

© Fernando Batista：244, 310, 334, 348　© bilder-domarus.de：187　© Bipsun：331

© bluecrayola：157, 229, 247, 298　© Chantal de Bruijne：321　© Orhan Cam：113

© Martin Capek：126　© Vladimir Caplinskij：21, 239, 295, 339, 333

© Valentyna Chukhlyebova：100　© CJM Grafx：52　© Color Symphony：351

© Norma Cornes：163　© Danflcreativo：228　© danielo：161　© Kenneth Dedeu：38

© Christian Delbert：89　© dgbomb：57　© DLW-Designs：219　© Dolgopolov：29, 76, 84, 96, 103, 154, 175, 181, 190, 255, 274, 293, 305, 319, 320, 345, 360

© Dragonfly22：48, 54, 65, 108, 122, 124, 142, 159, 188, 195, 231, 273, 279, 287, 301, 323, 354, 359, 363　© ErickN：41, 145, 317　© Ewa Studio：311

© Excentro：346　© Paul Fleet：115　© Marcus Gann：378　© geniuscook_com：50

© Natalia Geo：285　© Daniel Gilby Photography：281　© Goldenarts：235

© Amy Goodchild：264　© Jennifer Gottschalk：35, 42, 68, 107, 128, 165, 217, 232, 261, 277, 278, 280, 313, 322, 336　© Benjamin Haas：148　© handy：27, 37, 55, 101, 133, 186, 189, 205, 210, 258, 262, 302, 308, 314, 324, 357　© Lyle J. Hatch：141

© Juergen Hofrath：28, 59, 372　© HUANG Zheng：225　© huyangshu：200

© iDigital Art：227, 237, 243, 268, 341, 343　© Daniela Illing：332　© Ilona5555：177

© ilyianne：297　© Irina_QQQ：151, 270　© Kostyantyn Ivanyshen：80

© Matthew Jacques：95　© Jaswe：14, 19, 197, 224, 257, 374　© jupeart：25

© Ragne Kabanova：362　© Victoria Kalinina：176　© KeilaNeokow EliVokounova：15, 39, 77, 98, 117, 164, 166, 167, 178, 206, 220, 223, 236, 253, 272, 284, 344, 365, 373

© Joan Kerrigan：85　© Lyudmyla Kharlamova：74　© Brian Kinney：286

© klempa：143　© Christine Kuehnel：234　© Sanchai Kumar：216

© Laborant：73　© Alex Landa：213　© Philip Lange：201, 218, 240

© Larisa13：365, 368　© Elena Leonova：203　© leungchopan：137

© Lightspring：83　© Login：155　© Gordon Logue：191　© Lonely：105, 303

© Kim D. Lyman : 369   © Maxim Maksutov : 94, 267   © Maniola : 288
© maralova : 110, 173, 340   © Marina_Po : 226   © MariX : 174
© Olga Martynenko : 158   © Mastering_Microstock : 254, 300   © Bob Mawby : 265
© megainarmy : 97   © Meridien : 102, 119, 221   © Pavol Miklošík : 40, 349, 370
© Mopic : 61, 71, 367, 371   © Mrs. Opossum : 283   © Andrii Muzyka : 171
© mvinkler : 123, 169, 192, 222, 353   © Maks Narodenko : 121
© Rashevska Nataliia : 70   © Sergey Nivens : 24   © nobeastsofierce : 92
© R.M. Nunes : 250   © O.Bellini : 112   © Objowl : 364   © oldmonk : 179   © ollyy : 67
© OneO2 : 356   © Orla : 125   © Peter G. Pereira : 294   © Petkowicz : 43, 135, 207,
361   © PGMart : 328   © Photobank gallery : 91, 212, 350   © pixeldreams.eu : 16
© pizla09 : 32, 49, 138   © Portokalis : 193   © ppl : 196   © paul prescott : 88
© S. Ragets : 23   © Bruce Rolff : 144   © Bard Sandemose : 290   © Sangoiri : 276
© Sarah2 : 243   © sgame : 129   © Shots Studio : 114   © Spectral-Design : 66
© Stocklady : 78, 172   © Boris Stroujko : 96   © Josef F. Sluefer : 96   © Tatiana53 : 325
© TatianaCh : 185, 245   © Carlo Toffolo : 17   © Transfuchsian : 87
© valeriy tretyakov : 51   © Evgeny Tsapov : 366   © Tupungato : 204, 316
© Tursunbaev Ruslan : 199   © Christopher Ursitti : 99, 211   © Jiri Vaclavek : 214
© Slavo Valigursky : 306   © Vasilius : 18   © VectoriX : 194   © velirina : 156, 184, 246,
249, 260, 282, 291, 309, 315, 327, 329, 330, 333, 358, 375, 376   © Viktoriya : 116
© Oleh Voinilovych : 79, 180, 182   © Desiree Walstra : 36, 335, 337
© Iwona Wawro : 251   © Linda Webb : 271   © WhiteHaven : 60, 209, 307
© WWWoronin : 22, 56, 72, 111, 146, 147, 149, 168, 238, 248, 289, 292   © XYZ : 46,
134, 256   © Yure : 136   © zprecech : 140, 162

Courtesy Wikimedia Foundation
© Dr. Wolfgang Beyer : 26, 338   © Duncan Champney : 47   © Jonathan J. Dickau : 132
© Joseph Fox (http://xoja.deviantart.com) : 8, 62, 63, 120, 152

■著者
クリフォード・A・ピックオーバー/Clifford A. Pickover
アメリカのイェール大学で分子生物物理学と生化学の博士号を取得。
科学から数学，宗教，芸術，歴史にいたるまで，幅広い分野の書籍を
執筆しており，さまざまな言語に翻訳されている。主な著書に，『ビジュ
アル物理全史』『ビジュアル数学全史』『数学のおもちゃ箱』などがある。

■監訳者
小山信也/こやま・しんや
東洋大学理工学部教授。1962年，新潟県生まれ。東京大学理学部数
学科卒業。専門分野は，数学，整数論，ゼータ関数論。著書に，『リー
マン教授にインタビューする』『素数とゼータ関数』『セルバーグ・ゼー
タ関数』『素数からゼータへ，そしてカオスへ』などがある。

■訳者
佐藤 聡/さとう・あきら
翻訳家。1983年，慶應義塾大学工学研究科修士課程修了。化学メー
カーで生産技術開発，海外人材育成を担当。1989 〜 1991年，スタ
ンフォード大学客員研究員。定年退職後，ニュース翻訳，AI翻訳コー
パス開発支援などに従事している。

1日1ページ
数学の教養
365

2020年3月10日発行

著者 クリフォード・A・ピックオーバー
監訳者 小山信也
訳者 佐藤 聡
翻訳協力 合資会社 アンフィニジャパン・プロジェクト
発行者 株式会社 ニュートンプレス
〒112-0012 東京都文京区大塚 3-11-6

ISBN 978-4-315-52219-8